HORRIBLE SCIENCE
可怕的科学
经典数学系列

超级公式

the PERFECT SAUSAGE

〔英〕卡佳坦·波斯基特 原著

〔英〕菲利浦·瑞弗 绘

张 洁 裴文静 译

U0257212

北京出版集团

北京少年儿童出版社

著作权合同登记号

图字:01-2011-4722

Text © Kjartan Poskitt, 2005

Illustrations © Philip Reeve, 2005

图书在版编目（CIP）数据

超级公式 /（英）波斯基特原著；（英）瑞弗绘；张洁，裴文静译 . — 北京：北京少年儿童出版社，2012.1（2024.10 重印）

（可怕的科学 . 经典数学系列）

ISBN 978-7-5301-2823-7

Ⅰ . ①超…　Ⅱ . ①波…　②瑞…　③张…　④裴…　Ⅲ . ①数学公式—少年读物　Ⅳ . ①O1-49

中国版本图书馆 CIP 数据核字（2011）第 219676 号

可怕的科学·经典数学系列

超级公式

CHAOJI GONGSHI

［英］卡佳坦·波斯基特　原著

［英］菲利浦·瑞弗　绘

张　洁　裴文静　译

＊

北 京 出 版 集 团

北 京 少 年 儿 童 出 版 社　出版

（北京北三环中路6号）

邮政编码:100120

网　　址：www . bph . com . cn

北 京 少 年 儿 童 出 版 社 发 行

新 华 书 店 经 销

三河市天润建兴印务有限公司印刷

＊

787 毫米 × 1092 毫米　16 开本　12.75 印张　60 千字

2012 年 1 月第 1 版　2024 年 10 月第 68 次印刷

ISBN 978－7－5301－2823－7

定价：29.00 元

如有印装质量问题，由本社负责调换

质量监督电话：010－58572171

目录

 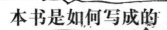

本书是如何写成的

很久以前，有一位十分懒惰的作家决心写一本关于香肠公式的书。他端坐在书桌前，把他能想出来的所有的香肠公式（其实也就两个）都写了出来。3 分钟后，他觉得自己已经干了不少活了，便美滋滋地躺了下来。渐渐地，他进入了梦乡，然后做了一个可怕的噩梦。

作家被噩梦吓醒了，出了一身冷汗。他该怎么办呢？他怎样才能保证所写的书能囊括所有有价值的基本公式呢？他灵机一动，想出了一个绝妙的好主意。

这就是之前发生的一切。《经典数学》的粉丝们纷纷发来信息，提出建议，给我们提供了大量的公式。其中一些人给我们发来的公式实在是太复杂了，以至于我们都不知道它是用来干什么的，更别提把它们计算出来了。当然，也不乏一些绝对的经典之作，它们正是我们所期待的创作资源。此外，我们还收到了一个不能出版的公式——来自一对兄弟。这对兄弟有一个刚刚出生的小妹妹，他俩把小妹妹每天喝牛奶的瓶数，在她背上轻拍的次数，打嗝的响度以及她从嘴里吐出东西的射程都写进了公式中。

所以，在你研读本书之前，我们想先对所有提出建议的人们表示感谢：

马特·金普顿和汤姆·温驰，史蒂芬·查尔顿，阳光的安娜·马丁，迈克尔·琼斯，杰兹·麦卡洛，史蒂芬·瓦特，大卫·史密斯，亚历杰·弗里斯，汤姆斯·古德里奇，胡一杰，保罗·瓦尔德斯，亚当·雷恩，史蒂芬·哈特韦尔，乔吉姆·沃辛顿，盖尔·维斯，汤姆·威尔金森，丹尼尔·布朗奇，本·谢尔登，汤姆·塞奇威克，约旦·瓦特，尼克·代克，大卫·福克斯，麦金太尔·奇，桑奇特·库马尔，乌戈尔，萨拉·希金森，莫妮卡·单彬斯卡，乔纳森·哈里斯，格鲁吉·亚吉拉德，大卫·罗斯·史密斯，科维库·亚伯拉罕，丹尼尔·弗雷特韦尔，洛蒂·格林伍德，伊恩·霍华德，杰西·比斯，安德鲁·温莎，唐·贝里，山姆·德比郡，山三·高登，马修·希伦，本乔·邦，杰弗里·美，珍妮·伍德，塞穆尔·沃克尔，卡尔·特纳，哈利和查理·金（以及小婴儿妹妹格蕾丝）。

警告！上述名单包含了至少一位老师和两位真正的数学家。

这些人中至少有10位出现在了本书中。如果剩下的人都没有出现，你能把他们一一找出来吗？

完美的香肠

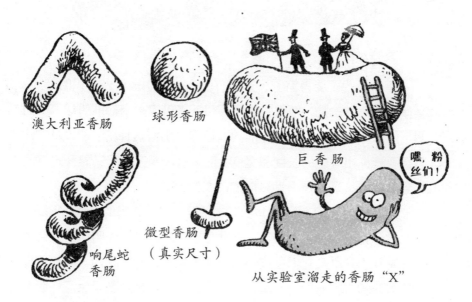

澳大利亚香肠

球形香肠

巨香肠

嘿，粉丝们！

微型香肠
（真实尺寸）

响尾蛇
香肠

从实验室溜走的香肠"X"

在过去的3000年里，不同的文明为了让香肠适应各自的文化，对原本制作简单的香肠分别进行了改造。一个特兰西瓦尼亚的屠夫就曾以他制作的方形黑香肠而闻名，而一个美国雅若克的厨师却制作出了惊人的法兰克福香肠，只有芯片那么长，却有6个卷。还有来自瑞士的，曾在玩偶盒里用过的超有弹性的软骨香肠。在亚洲，

3

考古学家们依旧希望能够找到神秘的七大香肠的碎片，它们曾经屹立在卡其帕上游的港口。

在过去的岁月里，香肠对于艺术、科学和文明有着非常重要的贡献，这一点毋庸置疑，不过还有一个问题。那就是制作香肠的时候，谁也搞不清楚到底需要多大的香肠皮以及多少馅儿，因为他们计算不出具体的表面积或者容积。那些与香肠有关的测量方法都太难了，以至于根本无法操作，计算两者的总和就更加复杂了。这就是为什么本书决定通过设计制作出完美香肠的原因。

要想让香肠变得完美，这里有两个关于体积和表面积的公式。具体的计算方法是，把香肠的两头切下来拼成一个标准的球，中间剩下的部分就变成了一个标准的圆柱体。感谢这种精巧的设计，你只需要计算出香肠的长度和宽度，把结果代入完美香肠的公式就能得到答案了。这可是全世界期待已久的突破性进展啊！

但是因为我们直到第 171 页才能得到完美香肠的公式，所以整个世界不得不再等一小会儿。在此之前，我们先要弄明白这些公式具体是什么，以及它们在我们的生活中是如何起作用的，例如怎样才能多挣钱、警察如何开车追上那些捣乱的纯理论数学家、一版多联张邮票上能分出几个正方形和长方形，以及一个炸面圈里该放多少糖。

谨记下面这句话：

公式不仅能做出完美的香肠，还能将你的生活安排得井井有条。

亲爱的《经典数学》：

我只读了本书的一页就发现自己已经愤怒到极点了。"formula"是一个拉丁词汇，它的复数形式是"formulae"而不是"formulas"。真得感谢像你一样粗心大意的人把这个世界搞得一团糟。你难道不为自己感到羞愧吗？啧啧啧啧……

恃才傲物的

文学教授，傲慢先生

有些人在写这种自大的信之前，应该先查一下词典。*formulae* 和 *formulas* 两个词在词典里都有，我们觉得我们年轻又时髦的读者会更愿意选择新潮的词汇而非古老的拉丁词汇，所以选用了"*formulas*"。

所有你或许会用到的
图形和几何体公式

一直以来，有很多关于图形和几何体的公式都广为流行且非常受欢迎，下面这些是其中最风靡的、处于前12位的公式，你可以用它们处理任何你想要处理的东西……

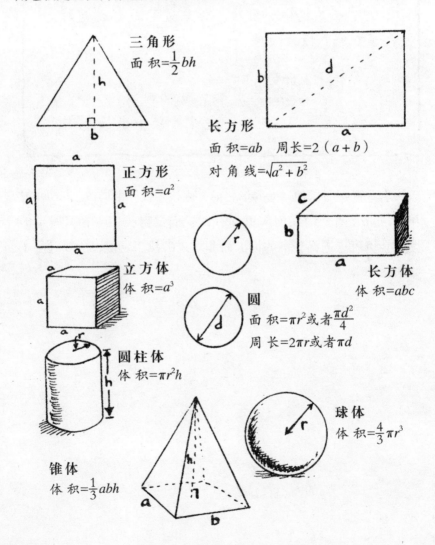

三角形
面积 $= \frac{1}{2}bh$

长方形
面积 $= ab$ 　周长 $= 2(a+b)$
对角线 $= \sqrt{a^2+b^2}$

正方形
面积 $= a^2$

长方体
体积 $= abc$

立方体
体积 $= a^3$

圆
面积 $= \pi r^2$ 或者 $\frac{\pi d^2}{4}$
周长 $= 2\pi r$ 或者 πd

圆柱体
体积 $= \pi r^2 h$

球体
体积 $= \frac{4}{3}\pi r^3$

锥体
体积 $= \frac{1}{3}abh$

要是你还不知道怎样使用这些公式，后面的内容会告诉你它们到底是怎么回事儿。假如你仍然没能从中找到想要的公式，别担心。随着你阅读的深入，当你变得更加老练和勇敢之后，会看到这样一章，那里面净是一些你可能永远都用不上的图形和几何公式，不妨去那里找找。

公式的用途

公式中往往包含一系列小的需要你做的运算，其中尤为重要的是按照什么顺序计算它们。一旦你习惯使用公式后，就会明白它们是如何使生活变得更加简单的。例如，你想告诉爱丽丝阿姨怎样计算长方形的面积，你可以这样表达：

$$长方形的面积 = 长边长度 \times 短边长度$$

有点儿冗长乏味，是不是？所以人们通常会画一张这样的图：

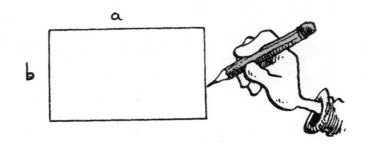

你会发现，不同的边被巧妙地标注上了 a 和 b，你所要做的只是：

$$长方形面积 = a \times b$$

这样就简洁多了，不过还没完。许多公式中都会用到乘法，人们经常省略里面的 × 号，把两个字母放在一起。所以，我们最后就得到了：

★ 长方形面积=ab

因此，如果爱丽丝阿姨有一块长 30 米，宽 15 米的长方形奶牛场，她只要把 a 和 b 分别替换成 30 和 15 就行了。然后，计算出她的奶牛场面积 =30×15=450 平方米。

（面积通常以平方什么的为单位。如果你愿意，也可以把平方米写成 m^2，答案为 450 m^2。）

现在，要是爱丽丝阿姨想绕着她的奶牛场四周围一圈篱笆，一共需要多长的篱笆呢？围绕一个图形完整一周的长度被称为这个图形的周长，你可以把图形所有的边加起来得到它。让我们先把这个奶牛场画出来……

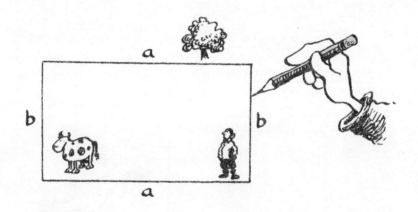

你会发现绕奶牛场一周的长度是两个 a 加上两个 b，也就是说奶牛场的周长 =2a + 2b。这两部分都乘了 2，所以也可以用括号写成这样：

★ 长方形周长= 2(a + b)

如果括号外面有一个数字，就意味着必须把括号中的每一项都乘它。现在，我们把 a=30，b=15 代入上面的公式，就得到周长 = 2（30 + 15）。

这里有一件对于公式来说最重要的事情——当公式中有括号时，无一例外地要先把括号里面的结果计算出来！在这里，周长 =2（45），接着做乘法 2×45=90 米。这就是篱笆的总长度。

现在，让我们假定爱丽丝阿姨突然想找到从奶牛场的一个角到斜对面那个角的最短的路线。

要找出最短的距离，爱丽丝阿姨必须沿着奶牛场的对角线跑，我们这里有一个公式能把它计算出来：

$$\bigstar \textbf{长方形的对角线} = \sqrt{a^2 + b^2}$$

（你听说过古希腊数学家毕达哥拉斯吗？这个公式就来自于他的著名的定理。就算你从来没有听说过毕达哥拉斯，这个公式仍然来自于他的定理，这个事实你永远也改变不了。）

如果你看到平方根符号"$\sqrt{}$"里面由几个部分组成，别慌，你完全可以像对待括号一样对待它——先将平方根符号里面的所有东西计算出来，再去担心平方根也不迟。我们假设 $a=30$，$b=15$，代入上面的公式，得到最短的距离等于 $\sqrt{30^2 + 15^2}$。通常人们会先计算

出诸如"平方"的幂次方，于是得到$\sqrt{900 + 225}$。幂次方计算完之后，我们可以继续计算根号里面的部分，得到$\sqrt{1125}$，最后只要计算出平方根就万事大吉了。需要说明的是，除非你是一个天才，否则的话还是拿起计算器输入$\sqrt{1125}$，然后把答案告诉爱丽丝阿姨。

当然，在这里，我们还是要有点儿常识才好。当某人因为一只握着铅笔的大手而盲目慌张地跑步穿过一个奶牛场时，33.5 米的答案已经足够准确了，哈哈。

计算的顺序

现在，你应该已经意识到，将公式中的所有部分按照正确的顺序计算出来有多么重要了。要是你对此还有所怀疑，可以看看下边这张表。

公式计算的步骤

1	( )	用 2~4 步处理括号里面的部分。
2	x^3 $\sqrt{q}$	计算幂次方和平方根。
3	× ÷	乘法或除法。
4	+ −	加法或减法。
5		当括号里面的数字减至单个数字时，去掉括号。然后按照步骤 2~4 计算剩下的部分。

这是任何时候都必须遵守的规则

（这张表中并没有涉及三角学部分，例如 sin、cos 和 tan，但是幸运的是它们几乎从不出现。即使它们出现，运算步骤也在幂次方和平方根之后，乘除法之前，即 $2\frac{1}{2}$ 的位置。）

π 和圆

任何涉及圆的公式都会包括 π。通常情况下，《经典数学》的读者会知道所有关于这个可爱小符号的相关知识——它等于 3.1416，被称为 "pai" ……但如果你的计算器上有一个 π 键，那你就用不着记住它具体等于多少了。假定你今天正好穿上了那条最好看的白色裤子，却一屁股坐到了腌甜菜根上，于是你就得到了一个完美的紫红色的圆形污渍。为了计算出它的面积，你找来一位朋友为你测量了一下它的直径……

……然后利用公式计算

★ 圆的面积 = $\dfrac{\pi d^2}{4}$

把 $d=12$ 代入公式，你要先算出平方的部分，也就是 $12^2=144$。接下来，将 144、×、π、÷、4 输入计算器你就可以说出甜菜根的……

π 是如此吸引人，所以我们在后面为它单独设置了一个章节，里面还有一个为了计算出它的值而相当令人讨厌的公式列表。不幸的是，我们的公式不能让紫色的甜菜根污渍离开裤子。

数字，比萨碎片和外星人翻译

数学制造出了各种奇异的数字模式，有意思的是，你可以通过几个大小一样的球，轻松地检验它们是否正确。如果你只是一个普通人，那么你可以使用橘子或者弹珠；但如果你是一位无所不能的宇宙神，并且能把任何不牢固的卫星和人造卫星从它们最初的位置上吹下来的话，你也可以使用它们。

三角形数和四面体数

首先，把你手中的球排列成下面这样整齐的三角形的形状：

三角形 序列

T_1 T_2 T_3 T_4

球的数目   1   3   6   10

我承认，第一个看上去和三角形相去甚远，但是它仍然要被计数。每个三角形中所含的球的数目，被叫做三角形数。你会看到，第一个三角形数（通常被简称为 T_1）=1，第二个（或 T_2）=3，T_3=6，T_4=10。玩台球或桌球游戏时，你会遇到第五个三角形数，因为这两个游戏都是从一个由15个球组成的三角形模式开始的，所以 T_5=15。

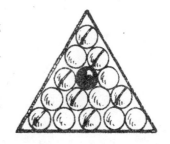

你可以按自己喜欢的大小继续排列三角形，这里有一个公式，它能告诉你制造任意尺寸的三角形所需球的数量。

$$\bigstar \text{第} n \text{个三角形数} T_n = \frac{n(n+1)}{2}$$

现在，让我们从已经拼好的三角形开始，把它们一层层地堆放起来，变成一个锥体。

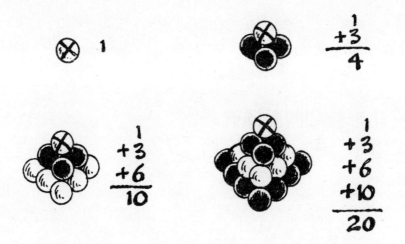

因为我们要从第一个三角形开始，所以只需要一个球。如果我们把它放在第二个三角形的顶端，制造出的这个小锥体就需要 1 + 3=4 个球。如果我们把它们堆放在第三个三角形的上面，就需要 1 + 3 + 6=10 个球。最后，如果我们把这些统统放到第四个三角形的上面，一共需要 1 + 3 + 6 + 10=20 个球。

每一次，我们都搭建了一个比之前更大的三棱锥，也被称为四面体。这就是为什么数字序列 1，4，10，20……被称为四面体数的原因。

$$\bigstar \text{第} n \text{个四面体数} = \frac{n^3 + 3n^2 + 2n}{6}$$

（或许你会觉得这个公式其实没什么用，但是等你读到《怎么

赚到更多的钱》这一章时，你就会发现它是如何让你多赚 56.20 英镑的了。）

中心六边形数、五边形数和四棱锥数

另一个由排列图案推演出的数字序列是中心六边形数。下面这张图说明了一切……

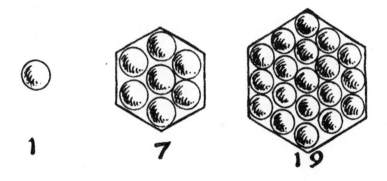

1   7   19

★第 n 个中心六边形数 $= 3n^2 - 3n + 1$

同理，你可以得到五边形数……

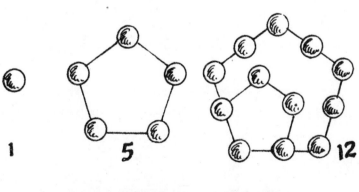

1   5   12

★第 n 个五边形数 $= \dfrac{n(3n-1)}{2}$

正方形数的计算公式显而易见：

★第n个正方形数=n^2

和推导四面体数一样，你可以把大小不一的正方形堆积成一个个锥体。其中最小的锥体只有 1 个球，第二个锥体将会有 1 + 4=5 个球，第三个锥体将会有 1 + 4 + 9=14 个球。

$+\dfrac{\begin{matrix}1\\4\end{matrix}}{5}$　　　　$+\dfrac{\begin{matrix}1\\4\\9\end{matrix}}{14}$

★第n个四棱锥数=$\dfrac{2n^3+3n^2+n}{6}$

关于四面体数和四棱锥数，还有一件很奇怪的事儿，那就是用其中任意一个数除以 6，你所得到的答案都是整数而没有小数。不相信的话，你可以选择任意大小的数作为 n 代入公式，看看结果如何。

这些奇妙的数字集合以各种奇特的方式联系在一起。例如，你可以把任意一个正方形数分开，变成两个连续的三角形数。

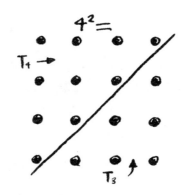

从图中你会发现 $4^2 = T_4 + T_3$，当你把它转化为数字，将得到 16=10 + 6。让下面这个小公式来告诉你其中的奥妙吧。

$$\star n^2 = T_n + T_{n-1}$$

这些特别的数字组合都有一个怪癖——总喜欢以最意想不到的方式出现，就像你即将看到的那样……

多联张邮票

假设你有一版正方形的整版邮票。你可以有多少种不同的方法用它组成一个正方形的形状？

如果你手中的这版正方形邮票上只有 1 张邮票，那你就只有 1 种方法能得到 1 个正方形。如果这版邮票上有 2×2 张邮票，你既可以把它作为 1 个大的正方形，也可以把上面 4 个小正方形中的任意一个撕下来，一共有 1 + 4=5 种方法。

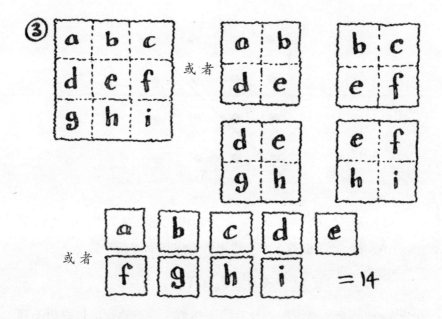

③

或者

或者 = 14

如果你手中的这版多联张上有 3×3 张邮票……其中就有 1 个大的 3×3 的正方形，4 个不同组合的 2×2 的正方形和 9 个单个的正方形，一共有 1 + 4 + 9=14 种方法。

到目前为止，我们已经在序列中得到了数字 1，5，14。它看上去是不是很眼熟？当然啦！因为你用一版含有 $n×n$ 张的邮票组成的正方形数目的公式和求第 n 个四棱锥数的公式是一样的！

这里还有一个足以难倒你的朋友们的智力测验：在一个 8×8 正方形的棋盘上，共有多少个正方形？答案可不是 64！考虑一下所有 2×2 和 3×3 等等的正方形模式。

答案

　　一个有 8×8 个方格的棋盘，你可能得到的正方形总数是 204，它就是第 8 个四棱锥数。

如果你有一版内含 $f \times g$ 张邮票的长方形多联张,你可以有多少种方法组成一个正方形或者长方形?

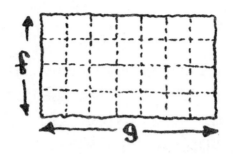

下面的公式会令你感到非常高兴。

★ 一个 $f \times g$ 的长方形上的长方形和正方形的总数 $= T_f \times T_g$

它由两个三角形数相乘得出! 让我们画张表格试一试,其中的一条边有 3 张邮票,另一条边有 4 张邮票。首先,我们要找出所有不同的形状,并算出相同的形状有几个。

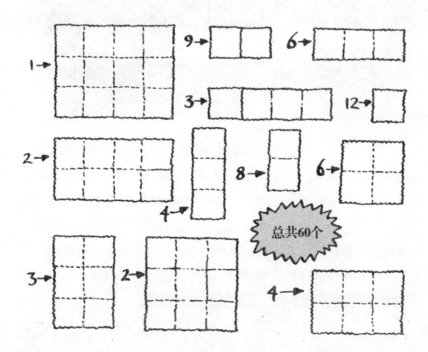

总共 60 个

现在，让我们用公式算一下。$T_3 \times T_4$，也就是 $6 \times 10 = 60$，正好是正方形和长方形个数的总数。这个公式非常有效！

外星人翻译

有消息称，萨克星球上邪恶的高拉克们正计划要侵略地球。虽然消息已经传到了我们这里，不过用不着慌张，因为我们早已对此司空见惯了。然而，高拉克们这次貌似是认真的。为了提高成功的可能，他们决定去拉拢银河系的普卢格武士。

于是就产生了一个小问题——高拉克们不会讲普卢格语，而普卢格人也不会讲高拉克语。因此，他们需要一名能说普卢格语和高拉克语的翻译。

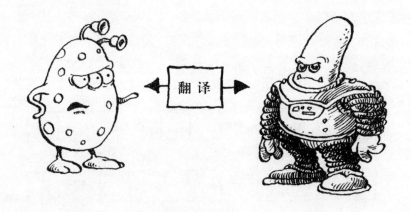

翻译

到目前为止，一切进展得都还不错。然而，接下来，高拉克们认为他们还可以从梅布尔人那里得到一些额外的帮助。这就有点儿不方便了，因为梅布尔语是一种全新的语言，高拉克和普卢格人都不会讲这种语言。因此，梅布尔人需要两名额外的翻译，一名用来和高拉克人讲话，一名用来和普卢格人讲话。别忘了，前面已经有一名高拉克语—普卢格语的翻译了，所以现在的局面是一共出现了3名翻译，就像下图中的3条线所标示的那样。

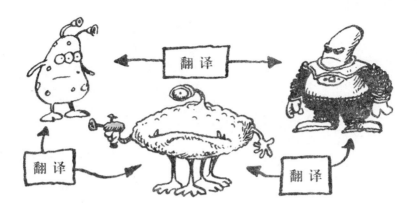

现在，又出现了第四种外星人，他们来自遥姆星球，是只讲陶迪士语的陶迪士人。让我们看看，图上发生了什么……

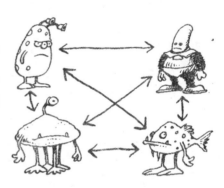

6条线代表了6名翻译。接下来，我们将再加上博赛德人……

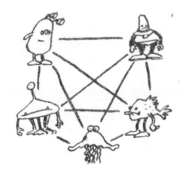

然后是鲁特人……

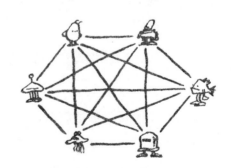

现在回头看看所有这些图片，你会发现翻译的数量正在发生变化：1，3，6，10，15……这不正是我们在13页看到的三角形数嘛！多么令人激动！

下面，我们将告诉你三角形数是如何与翻译的数目相联系的。当他们涉及 4 种外星人语言时，所需要的翻译的数量等于第三个三角形数（数字 6）；当他们涉及 5 种外星人语言时，所需要的翻译的数量等于第四个三角形数（数字 10）。因此，如果有 L 种不同的语言需要翻译，你只需要把 L 减去 1，找到对应的三角形数，就能得出所需翻译的数量了。

★L 种语言所需翻译的数量=T_{L-1}

让我们用公式来算一算，假如现在有来自 20 个不同星球的外星人，他们所讲的语言各不相同，一共需要多少名翻译？由于 $L=20$，我们需要的翻译的数量就是 T_{L-1}，也就是说，我们只要算出第 19 个三角形数即 T_{19} 即可。接下来，让我们使用三角形数公式进行计算，并将 19 代入其中。

需要的翻译数 =

$$T_{19}=\frac{19\times(19+1)}{2}=\frac{19\times20}{2}=190$$

哇噻！使用 20 种不同语言的外星人，他们一共需要 190 名翻译。

别紧张！470 名武士也许真的很可怕……但还是让我们先用公式来算算他们需要多少名翻译！这里 $L=47$，所以我们需要算出第 46 个三角形数。

$$T_{46}=\frac{46\times(46+1)}{2}=\frac{46\times47}{2}=1081$$

我的天哪！他们所需要的翻译的数量居然是武士数量的两倍还多，看来乘坐他们的飞船一定非常舒适。瞧，他们已经出发了……

哦，好吧，至少这是一种能让所有人都讲同一种语言的方法。

关于比萨的公式

纯理论数学家们花费了很长的时间用来讨论什么才是最好的比萨公式。

幸运的是，这里还有一个比萨公式能让他们达成一致，只是它和比萨上面放什么材料无关。它所涉及的是把整张比萨切成几块。这是一道有趣的智力测验，你可以自己来试试。

设想一下，你有一张巨大的圆形的比萨和一把又长又直的刀。在你用刀切这张比萨之前，你已经得到了一大块。现在，假设你在这张比萨上切下长长的一刀并把它切开，你将它分成了几块？（答案是 2 块。）

现在，再在上面切上长长的一刀，你就将它们分成了 4 块。

现在再来切上第三刀……你最多能把它们分成几块？（这些饼块的尺寸和形状不要求完全一致。）答案不是 6 或者 8……而是 7！如果你切下第四刀，得到的最多块数是 11。要是不相信，你可以自己数一数。

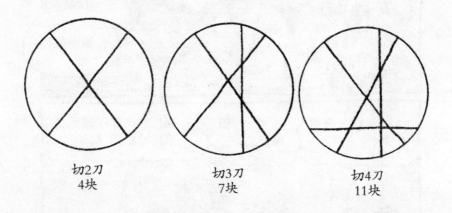

切2刀
4块

切3刀
7块

切4刀
11块

那么，切 5 刀甚至 6 刀，你所能得到的最多块数是多少呢？

至此，我们从最初的一整张比萨开始，先得到 2 块，然后是 4 块，然后是 7 块，然后是 11 块。1，2，4，7，11 构成的模式和我们之前见过的都不一样，但是如果我们把每个数字都减去 1，将会发生什么？我们得到了 0，1，3，6，10……没错，又是三角形数！因此，如果我们把三角形数公式加 1，就能得到数学中让人非常愉快的东西：

$$★ 切圆形比萨得到的最多块数 = \frac{c(c+1)}{2} + 1$$

$c=$ 切的刀数

因此，如果你在比萨上切了 7 刀，你就能得到：

$$\frac{7 \times (7 + 1)}{2} + 1 = \frac{56}{2} + 1 = 28 + 1 = 29 块$$

老实说，要想切 7 刀得到 29 块比萨，你真的需要一张很大的比萨，以及一把异常锋利的刀，如果奶酪很黏的话，这一点就显得尤为重要了。同时，还需要非常丰富的经验，但是如果你只是想练习的话，我有一个简单的办法。画一个大圆，然后用直线把它分开，尽你所能将它分成尽可能多的小块。然后，根据下面的内容，检查一下你应该分出的块数和你实际分出的块数。

▶ 0 条线，只有一个大圆……好吧，这就开始了

▶ 1 条线，2 块……继续

▶ 2 条线，4 块……非常容易

▶ 3 条线，7 块……仍然很容易

▶ 4 条线，11 块……有点儿难了

▶ 5 条线，16 块……非常好

▶ 6 条线，22 块……令人吃惊的技能

▶ 7 条线，29 块……真的很了不起

▶ 8 条线，37 块……令人难以置信

注意：每画一条线时，这条线必须穿过所有其他的线，但不能穿过两条相交直线的交点。

有趣吗？现在一切都要停下来了，因为美妙的圆形的比萨对你而言已经很简单了。

新月形比萨公式

城市：美国伊利诺斯州，芝加哥
地点：上主干道，卢齐餐厅
日期：1928年11月17日
时间：晚上8:30

　　卢齐餐厅里，窗帘已经落下，温度升高，光线变暗，气氛分外紧张。7个可疑的人围坐在中间一张大桌子周围，眼睛紧紧地盯着他们面前的一只大盘子中盛放的东西。其中6人非常生气，剩下的一人正在用方格餐巾擦着嘴，显得十分尴尬。

　　"我不知道这个是大家分着吃的！"大胖子波基嘟囔着说，尽量试着不让自己的脸因为感到窘迫而变红。

　　"我们7个人的钱加起来正好足够付一张比萨的钱。"威赛尔厉声说道，"你抢的那一块就占了它的一半大小！"

　　"看看它，"链锯手查理抱怨道，"它看起来就像……怎么称呼那东西来着……像一个黄月亮的形状。"

　　"一弯新月。"南波斯，最瘦的那个人说。

　　"对极了！"其余的人点头表示同意。

　　"不，"威赛尔说，"我的意思是香蕉。它看上去像一根胖胖的香蕉。"

"好吧，不管它看上去像什么，我的小兄弟已经吃了他的那份。"布雷德说，"所以就让我们6个人来分剩下的部分吧。"

"我们每个人分不了多少。""笑面虎"加百利轻声抱怨。他转身朝着站在邻近的一张桌子上的服务生喊了一声："嘿，本尼，你光着脚在桌子上干什么呢？"那个服务生正够着想擦掉灯泡上的死苍蝇。

"这是一个上流阶层来的地方，"本尼解释道，"我们正努力为你们这些人保持美好的环境，你难道希望我把满是泥巴的鞋子放在你吃饭的地方？"

"我可不愿意。""笑面虎"加百利说，"不过等你弄完之后，能给我们拿一把餐刀来吗？"

就在这时，一阵风穿过了房间。一个冰冷的声音说道："别把刀给他们，本尼，让我们来为他们切比萨吧。"

一个矮胖的、珠光宝气的妇人，和一个高大的、身着灰色衣服的男人出现在门旁。布雷德和其他人立刻站起来并往后退。

"布切尔夫人！"布雷德说，"还有隆·杰克，真是令人吃惊！"

那灰扑扑的高个子男人，有着灰色的嘴唇，此刻他的嘴角轻微地向上翘起。他正享受着人们的吃惊，但是这种吃惊从来都不令人愉快。

"怎么样，布雷德，"那妇人一边朝桌子走过来，一边看着剩余的比萨说，"生意还好吗？如果你能把卢齐餐厅的这道特价比萨的账结了，并且剩下一些，那就太好了。要是我把它给我的狗，你介意吗？"

7个饥饿的胃一齐发出声调优美的合奏，但是这些人中没有一个敢反对。任何时候，都没有人敢在隆·杰克从袖子里抽出针形的匕首时，反对任何事情。

"不，不介意！"布雷德说，"您拿去吧！您是我们的客人！"

那妇人笑了笑，声音听上去像是香槟玻璃酒瓶撞到了一扇铁门上。

"好的，那好极了！"她说，"我想，我刚才听到了你们正在打算由 6 个人把它分了。是这样的吗，本尼？"

"哦，是的，夫人，但或许不是这样，不过我不太清楚，夫人。"本尼说道。他从这群人看到那群人，斟酌着怎么说才最合适，能够两边都不得罪。

"那就让我来告诉你吧。"布切尔夫人说，"让我们在这里找些乐子。我说隆·杰克可以用他的刀子直着切两下，就把你们这块比萨分成 6 块。"

所有人都抽了一口气。确定这可能吗？但是当时如果有人可以用刀子做什么事，这个人一定就是隆·杰克。

"如果杰克做不到，我就为所有你们能吃下去的东西埋单。"布切尔夫人说，"但是，假如他做到了，那么斯纳夫先生就得拿你们的比萨做晚餐了。你们还有什么要说的吗？"

"这是不可能的！"一根手指的吉米嘟囔着，"两刀就能切出 6 块？"

"那我们都同意？"布雷德说。

"我们当然同意，"波基说，"反正也没什么好损失的。"

"你什么也不会损失！"威赛尔嘲笑道，"因为你已经吃过你那份了。"

那么，直着切两刀能把一个新月形分成6份吗？

类似正方形或者圆的形状被称为"凸"，这意味着如果你站在一边往外看，看不到这个形状的其他任何部分。类似新月的形状则被称为"凹"，也就是说如果你站在新月弯曲的部分向里看，可以越过去看到它的更多部分。很容易记住这些词汇所代表的含义……

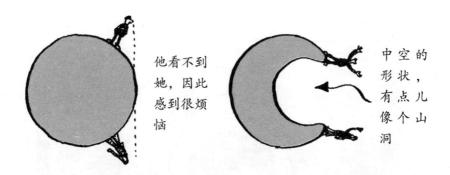

他看不到她，因此感到很烦恼

中空的形状，有点儿像个山洞

如果你画一条直线穿过一个新月形，就像穿过一个圆那样，你能把它分成两部分；但是如果你画一条直线穿过新月的凹形部分，你就能把它分成3块！

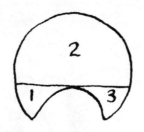

你画的直线越多，就能得到越大的数字，这里有一个切割新月形的公式：

★ 切割新月形得到的最多块数 $= \dfrac{c(c+3)}{2} + 1$

c = 切的刀数

如果隆·杰克在这个新月形比萨上切了 2 刀，那么得到的最多块数为：

$$\frac{2 \times (2 + 3)}{2} + 1 = \frac{2 \times 5}{2} + 1 = \frac{10}{2} + 1 = 5 + 1 = 6$$

……就像这样！

这是斯纳夫先生的样子：

咯咯地咬牙
痴迷地看
啊呜地吃
咀 嚼
流口水

三维切割

就像我们看到的那样，如果你把一个圆形的比萨切 3 次，你最多能得到 7 块不同的比萨。然而如果你有一块洗衣机大小的奶酪，把它切 3 次，你就能得到 8 块奶酪！这是因为你可以沿水平方向切它，也可以沿垂直方向切它。

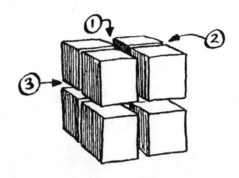

这是对于野餐来说极为重要的公式：

★ **切 n 次你可以得到的奶酪的最多块数 =**

$$\frac{n^3 + 5n}{6} + 1$$

在运动过程中

公路测试

　　"经典数学"研究所里那些勇敢的男孩和女孩们，通过调查速度公式再次冲到了知识的最前沿。很快，我们就会看到纯理论数学家们是怎么做的。在此之前，我们先来看看下面这个非常简单的、最基本的速度公式：距离 = 速度 × 时间，我们可以把它写成 $d=st$，也可以根据需要计算的内容，将它写成 3 种不同的形式：

$$\bigstar d=st \quad s=\frac{d}{t} \quad t=\frac{d}{s}$$

每种不同的形式怎样运算呢？

$d=st$

　　如果你知道自己移动的速度和时间，那你就能计算出你飞驰的距离。

在我们计算出上校到底前进了多远之前，首先要做的事情是确定所有的单位是否都匹配。刚才，上校说他前进的速度是每秒钟 4 米，并且已经行进了 10 分钟。这里，你所能做的最简单的事情就是把 10 分钟换算成秒。由于每分钟有 60 秒，所以 10 分钟的时间 =60×10=600 秒。现在，我们将 $s=4$，$t=600$ 代入公式 $d=st$，从而得到 $d=4×600=2400$ 米。

$$s=\frac{d}{t}$$

如果你知道自己已经前进的距离，以及走这段距离使用了多长的时间，你就能计算出你前进时的速度。假如你在炎热的夏天乘车去海边，上面这个公式一定能为你带来快乐的。

要想计算出你前进的速度，只需将前进的距离除以已经使用的时间。于是，你得到 2 千米 ÷ 4 小时，这下你可以满意地向大家宣布：

$$t = \frac{d}{s}$$

如果你已经知道了前进的距离和速度，你就能计算出使用的时间。纯理论数学家们在他们的第一个实验中使用了这个公式，用来精确计算出什么时候、什么地点警察会抓住他们。为了使计算更加简单，他们以米/秒为单位测量了他们的速度。这意味着用"米数除以秒数"，因此它通常被写成 m/s 或者干脆是 $m \cdot s^{-1}$（要知道，任何东西的 −1 次幂就表示你用它来除某个数）。

纯理论数学家们知道,警察在以比他们快 5 米/秒的速度前进,他们还知道警察必须追上这 500 米才能抓住他们。因此,他们可以用 $t=\frac{d}{s}$ 计算出警察赶上他们所用的时间。这里,$d=500$,$s=5$,因此 $t=500\div5=100$ 秒。

现在他们知道这个时间是 100 秒,他们可以用 $d=st$ 计算出在警察抓住他们之前,他们可以前进多远。他们的速度是 20 米/秒,剩下的时间是 100 秒,因此距离将会是 $20\times100=2000$ 米。

当然，研究还远未结束。纯理论数学家们的车现在正挨着警车停在警察局外，我们英雄中的一位正在里面友好地配合警察的询问。

计算变得更加复杂，现有的线索是警察和数学家们开的两辆车都从警察局出发，并且一旦警察赶上来，他们会在同一个位置停车。因此，他们行驶的距离是相同的，接下来，我们要对公式 $d=st$ 作一些处理。

首先，我们要对警察的公式试着进行一下调整。由于我们不知道警察追捕的真实速度，所以只好把警察的速度称为 S。同时，我们也不知道时间，因此只好把警察赶上来所用的时间称为 T。然后，我们把他们追上数学家们的车之前行驶的距离称为 D。如果我们把这些放在一起，就得到了关于警察的公式 $D=ST$。很明显，我们貌似没取得什么像样的成果，但是耐心些……

现在，让我们看看数学家们那里发生了什么。我们知道他们的行驶速度是警察速度的 $\frac{9}{10}$，因此数学家们的速度是 $S \times \frac{9}{10}$。我们还知道数学家们比警察早出发了 15 秒，因此当警察最后赶上他们的时候，数学家们已经行驶了（$T + 15$）秒。他们前进的距离同样是 D，于是我们得到一个关于数学家们的等式：

$$D=S \times \frac{9}{10} \times (T + 15)$$

之前，我们已经知道 $D=ST$，我们可以将 D 替换，得到：

$$ST=S \times \frac{9}{10} \times (T + 15)$$

看到这个等式，允许大家有一点儿小小的激动，因为等号两边都乘了一个 S。

代数规则允许我们把等号两边同时除以我们喜欢的任何东西，零除外。显然 S 不可能等于零，如果每个人的速度都是零，也就没谁能到其他的任何地方了。

因此，我们将等号两边都除以 S $T=\frac{9}{10} \times (T + 15)$

两边都乘10 $10T=9 \times (T + 15)$

去掉括号 $10T=9T + 135$

两边都减去 $9T$ $T=135$

记住，T 是警察用的时间，（$T + 15$）是数学家们用的时间。怎么样？公式起作用了吗？

谢谢我们专业的纯理论数学家团队，他们为我们证明了公式 $t=\frac{d}{s}$ 和 $d=st$ 都是正确的。现在，只剩下 $s=\frac{d}{t}$ 需要证明了……

加 速 度

当你一直以一个不变的速度前进时，事情总是相当简单，但是当你加速或者减速的时候，真正的乐趣开始了。变得更快被称为加

速，变得较慢被称为减速。

有件事儿挺奇怪的，那就是速度是以米每秒钟（写作米／秒）来衡量的，而加速度是以每秒钟内速度变化多少来衡量的，可以写成米／秒^2。我们可以用一个简单的实验来解释它。所有你需要的东西如下：

▶ 一座冰山
▶ 一套聚乙烯服
▶ 洗涤液
▶ 速度计
▶ 秒表

首先，你需要在冰山的一面建一个向下的滑坡。接下来，穿上你的聚乙烯服，并用洗涤液涂满全身。这么做非常值得，这样当你从滑坡上滑下来的时候，才几乎不会有任何摩擦力让你慢下来。（我们原本想建议你在月亮上做这个实验，那里也没有任何空气阻力，可转念一想，还是别把事情搞得过于复杂了。）

接下来，爬上斜坡的顶部，准备好秒表和速度计。在你开始之前，你的速度是 0 米／秒。现在，启动你的秒表，同时给你自己一点儿推力⋯⋯

如果你能顺便留意一下花费的时间和正在行进的速度，下面就是你可能会发现的⋯⋯

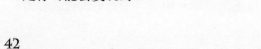

在你出发之初，你前进得还相当慢，但是当时间一秒一秒地过去后，你的速度从 0 米／秒到 3 米／秒到 6 米／秒到 9 米／秒……稳定地增加。也就是说，对于你前进中的每一秒钟，你的速度都在以每秒 3 米增加，这意味着你的加速度是 3 米／秒^2。

加速度的公式（如果你在开始时没有动）是：

$$\bigstar a=\frac{s}{t}$$

a= 加速度

s= 你的最终速度

t= 你加速所用的时间

在第一秒钟过去之后，你的速度是 3 米 / 秒，因此 s=3，并且 t=1，所以 a=3。

如果你滑到坡底部时，共用了 20 秒钟，那么最后你的速度将会有多快呢？

让我们稍稍变动一下上面的公式，就会得到：

$$\bigstar s=at$$

到你结束时为止，我们知道 a=3 米 / 秒 ^{2} 并且 t=20 秒，因此你的最终速度将是 3 × 20=60 米 / 秒，这已经很快了。（它相当于每小时前进 216 千米。）

你会沿着斜坡滑多远呢？要解决这个问题，我们就要用到距离—加速度公式，这里 d 是最终前进的距离：

$$\star\, d=\frac{1}{2}at^2$$

我们知道 $a=3$ 米/秒^2，$t=20$ 秒，于是我们得到 $d=\frac{1}{2}\times3\times20^2=600$。也就是说你能滑行 600 米远。

如何弄出巨大的隆隆声

如果你能找来两座珠穆朗玛峰，把其中一座放在另一座的顶上，那你就能制造一座大约高达 17700 米的巨大山峰。在它们上面盖上冰，制作一个和地面有 65° 夹角的斜坡。（你的斜坡最终将近 19500 米长。）为了使摩擦力变得极小，你需要在你的聚乙烯服上涂满洗涤液，并且如果可能的话，把你的这座巨大的山峰放在一个真空室中，这样一来就不存在空气阻力了。都做完了吗？好的。

从山顶出发。假设你的加速度是 3 米/秒^2，你到达山脚需要多长时间呢？

如果我们把距离—加速度公式稍微改一下，就可以得到：

$$\star\, t=\sqrt{\frac{2d}{a}}$$

接着，我们将 $d=19500$ 和 $a=3$ 代入公式，得到 $t=\sqrt{\dfrac{2\times19500}{3}}=\sqrt{13000}\approx114$。因此，到达山脚要花费你大概 114 秒的时间。此外，你到达终点的时候速度有多快呢？我们用 $s=at$ 得到 $s=3\times114=342$。你的速度将是 342 米/秒。

真是个大好的机会！此时，无论谁在旁观，都会在你到达终点时听到巨大的隆隆声，因为你将突破声音的屏障。（声音传播速度是 340 米/秒。）

如何加速

速度—加速度公式 $s=at$ 成立的前提是，你在最开始的时候没有动。如果你在加速之前已经在前进，就需要对公式作一些调整：

$$\bigstar s_2 = s_1 + at$$

s_2= 你最终的速度

s_1= 你已有的速度

a= 加速度

t= 你加速的时间

让我们假设你正在一个垃圾箱里，并且已经以 10 米 / 秒的速度沿马路滚动。

你滑到了一个斜坡上，然后以 2 米 / 秒^2 的加速度加速了 7 秒钟。你最终前进的速度有多快？

$$s_2=10 + （2 \times 7）=10 + 14=24 \text{ 米} / \text{秒}$$

如果你想算出自己加速后前进了多远，你就需要这样一个公式，它必须考虑到你先前的速度。

$$\bigstar d=s_1t + \frac{1}{2}at^2$$

s_1 是你加速之前的速度即 10 米 / 秒，我们还知道 $a=2$ 米 / 秒^2，$t=7$ 秒，于是我们得到：

$$d=10 \times 7 + \frac{1}{2} \times 2 \times 7^2$$

按正确的步骤计算，这一点非常重要（见第 11 页）。在上面的算式中没有括号，所以要先做幂次方，得到 $d=10 \times 7 + \frac{1}{2} \times 2 \times 49$。接下来做乘法，得到 $d=70 + 49$。最后做加法，得到 $d=119$ 米。

如何减速

放慢速度通常被称为减速，相当于负的加速度。假设你还待在刚才那个垃圾桶里，并以 24 米 / 秒的速度前进，突然你滚过一块黏糊糊的沥青，足足用了 5 秒钟。

如果这些沥青使你以 3 米 / 秒^2 减速，你最后的速度会是多少？

我们可以再次使用 $s_2 = s_1 + at$，但是这次要记住，加速度是负值即 $a = -3$。我们知道 $s_1 = 24$，$t = 5$，因此得到 $s_2 = 24 + （-3 \times 5）= 24 - 15 = 9$。所以你最后的速度将会是 9 米 / 秒。

停止的时间

在所有涉及速度、时间、距离以及减速的计算中，最重要的部分之一就是计算出你需要多长时间能停下来。

现在，我们假设一艘巨大的远洋轮正在以 6 米 / 秒的速度行驶。关于远洋轮，还有一个问题——它实在是过于庞大和沉重，并且没有很好的制动器。即使有反方向的螺旋桨，并且每个人都站在船头尽他们所能地向前吹气，最小的加速度也仅有 -0.02 米 / 秒^2。那么，这艘远洋轮为了停下需要几秒钟？

如果从公式 $s_2 = s_1 + at$ 开始，你可以把它变为 $t = \dfrac{s_2 - s_1}{a}$。其中的 s_2 是最终速度，所以它正好是 0。你最后得到的上面部分是 $-s_1$，

但是请牢牢记住你是在减速，a 也将是负值，因此我们得到：

$$★停止的时间 t = -\frac{s}{a}$$

$s=$ 初始速度

$a=$ 加速度

我们知道，远洋轮的 $s=6$，并且 $a=-0.02$，因此 $t=(-6) \div (-0.02) = 300$ 秒。那将是 5 分钟！

停止的距离

比弄清楚远洋轮的停止时间更重要的是，要知道它在停止之前还将前行多远的距离。当一艘远洋轮正朝着一只装着人的垃圾桶行进时，这一点就显得尤其重要了。如果我们结合公式 $d = s_1 t + \frac{1}{2} at^2$ 和 $t = -\frac{s}{a}$，将得到 $d = s(-\frac{s}{a}) + \frac{1}{2} \times a \times (-\frac{s}{a})^2$，它可以被完美地简化为……

$$★停止的距离 d = -\frac{s^2}{2a}$$

$s=$ 最初的速度

$a=$ 加速度

对于我们的远洋轮而言，当我们代入 $s=6$ 且 $a=-0.02$ 之后，将得到 $d = -\dfrac{6^2}{2 \times (-0.02)} = 900$ 米。

也就是说，在远洋轮停下来之前，它还将行驶 900 米！

哦哦……

这个公式的可怕之处在于，其中的最初速度被平方了。假定我们的远洋轮正在以两倍的速度前进，即 $s=12$ 米 / 秒。你或许会认为，它将行驶原来距离的两倍才会停下来。但事实上，如果你计算出 $-\dfrac{12^2}{2\times(-0.02)}$ 的结果，就会发现它在停下来之前将会前进 3600 米，这可是原来距离的 4 倍！

因此，如果你正驾驶着一艘远洋轮经过海湾，看到一辆冰淇淋售卖车停在码头上，在朝它的方向转舵之前，先问自己 3 个很重要的问题。

开车的人经常会被警告：如果你哪怕只是再开快一点儿，当紧急情况发生时，你就需要长得多的停车距离。上面这个公式为我们解释了其中的道理。事实上，一辆小汽车如果以每小时 40 千米的速度行驶，那么它制动时行驶的距离几乎是时速为 30 千米小汽车的两倍。

降落的区域

大约 400 年以前，意大利的一位天才——伽利略做了一个实验——将一枚炮弹和一个鸡蛋从一个很高的建筑物上扔下。当它们同时落到地面上时，伽利略意识到：向地面下落的东西是以完全相同的速度加速的，至于该物体到底有多重并不重要。（在这里，空气阻力是唯一能制造出差别的东西。如果你由静止扔一块砖和一张薄纸，砖将会先砸到地上。但是，如果没有空气阻力的话，它们会在相同的时刻到达地面。）

如果那时候的人们已经会用米进行测量，伽利略就能找到另一个简洁的答案。当你从高楼上由静止扔下一个鸡蛋，1秒钟之后它的速度将是 10 米 / 秒，2 秒钟之后将是 20 米 / 秒，接着 3 秒钟之后将达到 30 米 / 秒……因此，重力产生的加速度是 10 米 / 秒²。

好的，我们同意这个观点。事实上，重力产生的加速度并不正好是10米/秒²。并且，在海平面上它更接近9.81米/秒²，而在高山上它会稍稍变小一点儿。然而，物理中已经有太多令人痛苦的数字，所以当数字10以一种友好的方式爬到你腿上时，你最好在它的耳后轻轻地抚摸它一下，递给它一盒牛奶，别再问那些让人尴尬的问题了。

公式中，由重力产生的加速度经常用小写字母g来表示。所以如果你不知道g是什么，它或许就是指10。（要是你大惊小怪的话，那它就是9.81。）

如果你从一架飞机上由静止扔下一只河马，5 秒钟之后它会下落多长的距离？记住，g 对于所有东西，包括河马在内都是一样的，所以我们利用公式 $d = \frac{1}{2}at^2$，并把 $a=10$，$t=5$ 代入，从而得到 $d = \frac{1}{2} \times 10 \times 5^2 = 5 \times 25 = 125$ 米。但是从飞机上扔一只河马让人感觉有点儿无聊，还是让我们来点儿有趣的吧……

假设你是一只坐在巴黎埃菲尔铁塔塔顶上的鸽子，你看见从香榭丽舍大街走过来一顶大帽子，你忍不住想进行一次瞄准目标的练习。如果塔高300米，你要多久才能听见有人喊诸如"见鬼"之类的话呢？

你可以把公式 $d = \frac{1}{2}at^2$ 重新整理一下，以便更好地说明物体在没有降落伞和翅膀的情况下落到地面需要的时间。

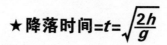

★ 降落时间 $= t = \sqrt{\dfrac{2h}{g}}$

$t =$ 时间

$h =$ 鸽子扔下"它"的高度

$g =$ 重力加速度

对于我们的鸽子实验而言，$h = 300$ 米，$g = 10$ 米/秒^2（对于鸽子们来说足够接近了），把它们代入公式得到：$t = \sqrt{\dfrac{2 \times 300}{10}} = \sqrt{60} = 7.75$ 秒。

我们自己还不能检验这个结果，但是或许有一位法国的《经典数学》的读鸽愿意为我们检验它，并让我们知道结果。非常感谢！

加农大炮

斧头帮的俄甘姆正在试验他那架具有超级杀伤力的加农大炮，作为一个真正的野蛮人，他并没有费心去查看用户手册。

如果他直接点着他的加农大炮向上打，炮弹能打多高呢？为了计算出结果，你需要知道 v，也就是加农大炮的炮口速度，即当炮弹从底部发射出来的时候，它移动得有多快。（在这里，你仍然需要忽略空气阻力，否则的话，算出来的结果对于这本书来说杀伤力实在是太大了。）

让我们假定加农炮弹的炮口速度 v 是 70 米/秒。当炮弹在空气中飞起来时，重力将会以 10 米/秒^2 来减慢它飞行的速度。当炮弹到了停止上升的时候，它将会达到它的最大高度。

我们可以只改变停止距离公式中的字母，就得到一个关于最大高度的特殊公式：$d=\dfrac{s^2}{2a}$。现在，我们将停止距离 d 换成最大高度 h，$s=$ 速度 v，并且 $a=$ 重力加速度 g，于是我们得到：

$$★\ 最大高度 = h = \frac{v^2}{2g}$$

在这里，$g=10$ 米/秒^2，$v=70$ 米/秒，于是我们得到：

$$h = \frac{70^2}{2 \times 10} = 4900 \div 20 = 245\ 米$$

为了好玩儿，我们可以将 $s=v$，$a=g$ 代入停止时间公式 $t=\frac{s}{a}$，然后算一算炮弹用了多长时间到达那个高度。

★ 到达最大高度所用的时间 = $\frac{v}{g}$

于是，俄甘姆的炮弹在上升了 70÷10=7 秒的时候停止上升。接下来会发生什么呢？

啊呜呀……

是的，它会再次从空中降落。奇妙的是，降落时间公式将告诉我们它会用多长时间降落：$t=\sqrt{\frac{2h}{g}}$。既然我们早就知道 $h=\frac{v^2}{2g}$ 了，那就看看把 h 代入公式后，将会发生什么事情。我们得到：

$$再次落地的时间 = \sqrt{\frac{2}{g} \times \frac{v^2}{2g}} = \sqrt{\frac{2v^2}{2g^2}} = \sqrt{\frac{v^2}{g^2}} = \frac{v}{g}$$

要是你没发现，那我还是提醒你一下：加农炮弹到达最大高度的时间和重新降落到地面的时间都是 $\frac{v}{g}$。因为这两个时间是相等的，将导致另一个明显的结果。一旦你的加农炮弹开始降落，它就将以 g 也就是 10 米 / 秒^2 的加速度加速。我们知道它用了 $\frac{v}{g}$ 的时间来降落，那么当它砸到俄甘姆脚上的时候，它的速度有多快？这里，我们要用 $s=at$ 来计算，然后得到速度将是 $g \times \frac{v}{g} = v$。是的，加农炮弹将以它离开加农炮时的速度砸中俄甘姆的脚。

如果你在发炮时站在炮管前，你会有相同的感受！

粗鲁地抱怨

俄甘姆必须想出一个更巧妙的方法，在点燃加农炮的同时，确保自己的脚不被炮弹打中，但这件事情不用着急。他会一直拖到本书的结尾才能完成。

一个无用的事实

到目前为止，没有哪个人能跳起来并在空中持续超过 2 秒钟。

当然，这并不把跳下悬崖、带上火箭喷气式发动机或者反向蹦极考虑在内。

我们可以把高度约为 2.5 米的世界跳高纪录拿来证明这句话。如果你也打算跳 2.5 米的话，你能在空中停留多久？

刚才我们看到的加农炮弹，它上升和落下用了相同的时间，因此如果我们计算出它降落 2.5 米要用多长时间并乘 2，就等于算出

了你在空中持续的时间。我们使用降落时间公式：$t=\sqrt{\dfrac{2h}{g}}$。由于 $h=2.5$ 且 $g=10$，于是我们得到 $t=\sqrt{\dfrac{2\times2.5}{10}}=\sqrt{\dfrac{5}{10}}=0.707$ 秒。

因此，上升和下降的最长时间是 $2\times0.707=1.414$ 秒。

事实上，如果你想在空中待上 2 秒钟，你将需要跳 5 米的高度才行。

你能感觉到力吗

　　早在 17 世纪 80 年代，天才人物艾萨克·牛顿就在他的广为人知的巨著——《自然哲学的数学原理》中解释了力是什么以及它是如何起作用的。这本书足有 550 页之厚，它从根本上说明了没有物体会开始移动，或者改变方向，除非你给它一个推力。"呵呵"，你笑了，因为现在这些看上去显而易见，但事实远比这更复杂。假设你正坐在一辆急速移动且让你上下旋转的过山车上，真正令人激动的不是速度，而是力——带给你真实的嗡嗡声、让你感觉到强大的推动，使你更快、减速、改变方向，最终，使你的早餐全都吐到鞋子上面。

　　在力的作用下究竟会发生什么呢？为了精确地说明，牛顿做了大量复杂的计算。你可能曾经听说过一个关于苹果的故事，讲的是一个苹果落到了牛顿的头上，给了他灵感。但是，事实是，他从观察太阳、月亮和星星如何旋转的过程中获取了大量他想要的结果。非常遗憾的是，他没能活足够长的时间，否则他就能在过山车上感受到这种力量的存在了。

这里有一个曾经帮助过他的令人惊讶的公式。

行星的速度

1609 年，一位名叫开普勒的德国天文学家发表了下面这个简洁的公式：

$$\star \frac{T^2}{d^3}=k$$

$T=$ 一颗行星围绕太阳一周所用的时间

$d=$ 这颗行星距离太阳的平均距离

（不用担心 k，因为它在 1 分钟内就会消失。）

如果我们不知道火星离太阳有多远，就可以利用这个公式计算出来。首先，我们需要另一颗我们了解的行星，于是我们决定选择地球。我们知道地球围绕太阳转动一周的时间 =1 年，而地球离太阳的距离 $=1.5 \times 10^8$ 千米。

我们把这些数据代入开普勒的公式：$\frac{1^2}{1.5^3} =k$。

接下来的工作是看看火星绕太阳转一周用了多长时间，攥紧你的秒表。

我们把火星到太阳的距离称为 m，并把它和 1.88 年的时间代入开普勒公式：$\frac{1.88^2}{m^3} =k$。

这真是太好了！由于两个等式都等于 k，所以我们可以去掉 k，得到： $\dfrac{1^2}{1.5^3}=\dfrac{1.88^2}{m^3}$

改变一下所有项的位置得到： $m^3=1.88^2\times1.5^3$

现在我们狠狠地计算一下，得到数字： $m^3=11.9286$

然后计算立方根，得到： $m=2.28$（大体上）

就这样，我们计算出火星距离太阳大约为 2.28×10^8 千米。它确实是的！

这个公式不仅帮助人们找到了周围的行星，还作为一个重要线索，帮助牛顿得出了……

万有引力定律

早在 17 世纪 60 年代，传说牛顿当时正坐在一棵苹果树下，一个苹果掉在了他的头上。这让他意识到苹果是被地球吸引过来的，然后进一步认识到，根据下面这个公式，任何一个物体都绝对会被其他任何一个物体所吸引。

$$\bigstar F=G\frac{m_1 m_2}{d^2}$$

F = 吸引力（在牛顿的万有引力定律中）（单位是牛顿）

m_1 = 第一个物体的质量（单位是千克）

m_2 = 第二个物体的质量（单位是千克）

d = 二者之间的距离（单位是米）

$G=0.0000000000667$，是"引力常量"（小数点和 667 之间有 10 个 0）

其中令人难以置信的部分是，如果每个物体与其他任何物体都互相吸引，那么连庞戈和维罗妮卡也应该相互吸引。

你可以根据自己的喜好举两个例子，比如庞戈和维罗妮卡。这个公式还将告诉你，吸引他们在一起的力的大小。那么，让我们把 m_1 作为 60 千克的庞戈，把 m_2 作为 50 千克的维罗妮卡。两者之间的距离为 1 米。我们可以计算出他们之间的吸引力：

$$F=0.0000000000667 \times 60 \times 50 \div 1^2=0.0000002001 \text{ 牛顿}$$

这是否意味着，万有引力正在将维罗妮卡吸引到庞戈怀里，他们将陷入激情的疯狂时刻？

下一个公式将解决这件事情。

牛顿第二运动定律

★F=ma 或者 合外力=质量×加速度

这个公式或许是牛顿最著名的发现，因为它准确地解释了"力"起了什么样的作用。假设有一块 8 千克的石块正飘浮在太空中，你想让它移动。于是你给它施加了一个稳定的推力，使得这块石头在1秒钟之后以5米/秒的速度移动。这意味着，它的速度在1秒钟之内从0米/秒增加到5米/秒，因此加速度是5米/秒^2（加速度已在第41页解释了）。

如果你以同样的力一直推，2秒钟之后，石块的速度将达到10米/秒，3秒之后达到15米/秒。尽管速度变快了，但是加速度仍然是5米/秒^2。

在牛顿发现这个定律后，人们便将推动1千克的物体以1米/秒^{2}加速的力，称为1牛顿。那么使8千克的石块以5米/秒^{2}加速的力大小是多少？由于$m=8$且$a=5$，因此用公式$F=ma$，得到合外力$=8 \times 5=40$牛顿。

尽管牛顿的公式几近完美，但是大约250年之后，爱因斯坦发现这个公式在你以接近光速移动时会有所改变。下面是爱因斯坦版的公式：

★ **爱因斯坦的力的公式** $F= \dfrac{ma}{\left(1 - \dfrac{v^2}{c^2}\right)^{\frac{3}{2}}}$

$v=$ 你的速度（或速率）

$c=$ 光速，即300000千米/秒

就像你想象的那样，这个等式的运算相当要命。不过，除非你的速度正在朝100000千米/秒接近，否则你还是用老公式$F=ma$吧。并且，当你处于那个速度时，你周围的时间将会倒塌，你的质量也将会接近无限大，那时你要担心的可就不仅仅是几个运算了。

在此期间，可别忘了庞戈和维罗妮卡正坐在公园的长椅上呢！我们已经计算出他们俩互相吸引的力为 0.0000002001 牛顿，所以如果庞戈正飘浮在空旷的宇宙中，我们就可以计算出他朝着维罗妮卡靠近的加速度了。

如果我们以 $F=ma$ 开始，变换之后得到 $a=\frac{F}{m}$。其中的力是 0.0000002001 牛顿，庞戈的质量是 60 千克，因此庞戈朝着维罗妮卡靠近的加速度是：

$$0.0000002001 \div 60 = 0.000000003335 \text{ 米/秒}^2$$

更重要的是，如果维罗妮卡也在辽阔的宇宙中飘浮，并且没有抓紧她的长椅，她将会朝着庞戈加速前进！

因为维罗妮卡的质量 $m=50$ 千克，我们用原先的 $a=\frac{F}{m}$，发现维罗妮卡的加速度是：

$$0.0000002001 \div 50 = 0.000000004002 \text{ 米/秒}^2$$

这对维罗妮卡来说是个坏消息！因为她的质量更小，意味着她向庞戈移动要比庞戈向她移动的速度更快！

如果我们把这两个加速度加在一起，就会发现他们正在以 0.000000007337 米 / 秒^2 的加速度朝向对方加速前进。

我们可以用第 45 页的距离—加速度公式 $d=\frac{1}{2}at^2$ 来看看，1 个小时之后他们又接近了多少。接下来，第一件事是把小时转换成秒，因为我们其他所有的时间都是用秒表示的。由于 1 小时有 60 分钟，1 分钟有 60 秒钟，1 小时 =60×60=3600 秒，所以 $t=3600$，$a=0.000000007337$ 米 / 秒^2。

$$d=\frac{1}{2} \times 0.000000007337 \times 3600^2=0.04754 \text{ 米}$$

换句话说，如果他们都正在空旷的宇宙中飘浮，1 个小时之后他们相互靠近的距离不超过 5 厘米。注意，由于他们的距离更近了，

他们之间的吸引力也在持续增加，他们的加速度也在逐渐地增大，因此他们将会移动得更快、更快、更快……

钟 摆

钟摆，就是一个从一根细棒或一条细绳上垂下来，并且可以自由摆动的物体，其重量不限。令人吃惊的是，只要它摆动得不是太远，它来回摆动所用的时间（T）只和钟摆的长度有关，至于重量有多大一点儿都不重要！

$$★\ T(秒)=2\pi\sqrt{\frac{l}{g}}$$

$l=$ 钟摆的长度

$g=$ 重力加速度（参照第 51 页）

因此如果把你的一只鞋脱下来，系在一根 1 米长的细绳上，让它轻轻地摆动，完成每次前后摆动所用的时间为：

$$2\pi\sqrt{\frac{l}{g}}=2\pi\sqrt{\frac{1}{9.81}}=2\times3.1416\times0.3193=2.0062\ 秒$$

你会发现，我们在这里用 $g=9.81$ 代替了 10，因为，我们需要尽可能精确地计算出时间。如果你登上了一座高山，g 就会变得稍稍小一些。如果你用 $g=9.6$ 代入公式，那么你的鞋子将会用 2.028 秒完成一次完整的摆动，时间就稍微长一点儿。

爱因斯坦的能量方程

关于力、质量以及物体移动的一章，没有 20 世纪最著名的公式怎么能结束呢？

$$\bigstar E=mc^2$$

在 $F=ma$ 制造了一堆麻烦后，爱因斯坦带着这个完美的公式闪亮登场。他意识到所有物体都是由极大数量的能量构成的，如果将它完全毁掉，其中的能量就会释放出来。（这就是类似发生在核电站的事情。）公式中的 E 代表你获得的能量，m 代表你所摧毁掉的质量，c 代表光的速度。

这是一个可怕的公式，所以我们打算迅速地离开。

怎么赚到更多的钱

弄到很多很多的钱真的是件相当容易的事，而且任何人都能做到。你所要做的只是遵循下面两个步骤：

第一步，买来一些东西（你为此支付的钱被称为成本价格）；

第二步，卖掉它以得到比你支付的钱更多的钱（你获得的钱被称为销售价格）。

还有什么比这更简单的吗？

如何计算你的巨额新财富

你在这个过程中多赚的钱被称为"利润"，这里有一个简单的公式，能将销售价格（s）、成本价格（c）以及利润（p）都联系起来。

$$\bigstar p = s - c$$

当然，你可以对它稍作调整，从而得到 $s = c + p$ 或者 $c = s - p$。一旦你掌握了成本、销售和利润的窍门，就意味着你已经准备好面对那些来自无情商界的腥风血雨。因此当你参加下面这个义卖的时候，请一定保持头脑清醒……

伟大的佛格斯沃斯义卖

为了集资买一个新的鸟浴缸，佛格斯沃斯庄园的全体居民们纷纷清理起了自家的衣柜，或者是在别无他人的情况下，清理别人的橱柜……

正如你所看到的那样，罗德尼·邦德尔以 8 英镑的价格买下了裤子，但是现在他希望通过 12 英镑的价格卖掉它以获取利润。很容易就能计算出他获得的利润。你从公式 $p=s-c$ 开始，把数字代入后，就得到 $p=12-8$，那么罗德尼的利润很明显是 4 英镑。这一切看起来似乎很简单，不过下面这句话才点出了其中的奥秘。

通常情况下，我希望能赚取 50% 的利润。

利润率和百分比

当你买或者卖很多种不同的商品时，绝大多数情况下会用小数或者百分数来描述其中的利润率。

> 百分数中的"百分"，是指用某个数"除以100"。因此，9.5% 与 9.5÷100=0.095 两者是相等的。

面对利润、价格和百分数，人们经常感到非常困惑，所以在我们继续往下阅读之前，搞清楚它们分别代表什么意思就显得非常重要了。

成本价格（c）

成本价格一般是指商品在任何交易发生之前的最初的价格。（请牢记这一点，因为讨论到后面它会变得非常重要。）

销售价格（s）

销售价格是指人们为了购买这件商品需要付出多少钱。

利润（p）

利润是指销售价格和成本价格之间的差额。特别要注意的一点是，一件商品如果它的成本价格高于它的销售价格，那么它的利润就是负数——换句话说就是亏损了。

利润率（%）（m）

利润率是描述利润与成本价格之间关系的百分比。咦！事实上它并不像你原来感觉的那么难。

与成本、利润和利润率相关的很多秘密都被包含在下面这个小公式里：

$$★ 利润率（\%）=m=\frac{p}{c}×100\%$$

让我们来算算罗德尼那条裤子的利润率。成本价格是 8 英镑，利润是 4 英镑。如果我们把 c=8 英镑和 p=4 英镑代入公式，就得到：$m=\frac{4}{8}×100\%$，计算出 m=50%。因此，利润率是 50%。罗德尼在这条裤子上喊出了符合他要求的利润率的价钱！

你需要的所有利润以及百分比公式

除了利润率公式之外，我们刚才还看到了 $s=c+p$，如果你学过代数，就能对这些公式稍微作一些改动，从而计算出任何商品的成本、售价、利润或者利润率。不过，这并不意味着本书只是一本代数书，它可是一本满是公式的书。而且，令《经典数学》感到骄傲的是，本书展示了这些公式的每种变化。（你需要的都在里面了。）在字母 c、s、p 或者 m 中，你只要知道其中任意两个的值，就能计算出其他任何一个字母的值。

$$\star s = c + p \qquad = c(1+m) \qquad = p\left(\frac{m+1}{m}\right)$$

$$\star c = s - p \qquad = \frac{p}{m} \qquad = \frac{s}{1+m}$$

$$\star p = s - c \qquad = cm \qquad = s\left(\frac{m}{1+m}\right)$$

$$\star m = \frac{p}{c} \times 100\% = \frac{p}{s-p} \times 100\% = \frac{s-c}{c} \times 100\%$$

让我们看一下应该如何使用这些公式。除了把裤子卖出去，罗德尼还获得了什么呢？

花瓶标价 6 英镑，并且我们知道他希望获取 50% 的利润，那么他买花瓶时花了多少钱呢？（先来猜一下，你觉得 3 英镑或者 4 英镑，哪个价钱更靠谱呢？）

首先，我们要决定用哪个公式。我们想计算出罗德尼所付的成本价格 c，并且知道 $s=6$，$m=50\%$，因此沿着以 "$c=$" 开头的这一行，找到一个有 s 和 m 在内的公式。找到啦！$c=\frac{s}{1+m}$！当我们把数字代入其中，就得到 $c=\frac{6}{1+50\%}=4$ 英镑。

我们算出来了！罗德尼的那只花瓶的成本价格是 4 英镑。

（老实说，一开始你是不是认为它是花 3 英镑买来的，对吗？没关系，这几乎是每个人都会犯的错误。但是如果罗德尼以 3 英镑的价格买下了这只花瓶，并且以 6 英镑的价格卖掉，那么他获得的

利润将会是 6 − 3=3 英镑。用公式$m=\frac{p}{c} \times 100\%$，我们可以看到 $m=\frac{3}{3} \times 100\%$，利润率是 100%！）

让我们看看罗德尼还打算做些什么。

那么，他应该在价格标签上写下多少钱呢？

这回，我们先不用公式来试试。由于罗德尼获得的利润是 3 英镑的 50%，那么它就是 1.5 英镑。我们只要把他获得的利润加到他所付的 3 英镑上，就能算出标签上的价格应该是 4.5 英镑。这非常简单，但是如果数字不像现在这么简单，还是使用公式来计算比较好。接下来，让我们用公式来算一下。

我们想计算的是 s。现在，我们已经知道 m=50%，c=3 英镑，把它们代入公式 s=c（1 + m）得到：

$$s=3（1 + 50\%）=3\left(\frac{150}{100}\right)=3 \times 1.5=4.5 \text{ 英镑}$$

我们知道罗德尼获得的利润率是 50%，但是他到底获得了多少真金白银的利润呢？前面已经知道 s=7.50 英镑，m=50%，现在我

们想搞清楚 p 究竟是多少。于是，我们将利用公式 $p=s\left(\dfrac{m}{1+m}\right)$，让我们把数字代入其中，然后得到：

$$p=7.5\times\left(\frac{50\%}{1+50\%}\right)=7.5\times\frac{50}{150}=7.5\times\frac{1}{3}=2.5\ \text{英镑}$$

罗德尼显然度过了一个非常美好的下午，但是我们必须清楚的一点是，可不是每个人都能获得利润……

亏 损

彬克花 12 英镑的价格买来的裤子，现在却不得不以 9 英镑的价格把它卖掉，那么他的利润是多少呢？

我们知道 $c=12$ 英镑，$s=9$ 英镑，因此如果我们用公式 $p=s-c$，就会发现他的利润是 $9-12=-3$ 英镑。负号表示他将要亏本了！如果你使用公式 $m=\frac{s-c}{c}\times100\%$ 之后，就会发现他获得的利润率是 -25%。

在适当的时候，小小地亏损一下并不是件坏事儿。更早的时候，彬克曾花钱买了一组精美的、用蔬菜雕刻的艺术品。

令人遗憾的是，那天下午气温很高，蔬菜雕刻缩水之后变得软软蔫蔫的，彬克后来以损失 60% 的价格把它们卖给了克里斯蒂阿姨。

那么，克里斯蒂阿姨一共花多少钱把它们买到手的呢？

彬克的利润是 −3 英镑，利润率是 − 60%，现在我们想知道蔬菜雕刻的销售价格 s。我们用公式 $s=p\left(\dfrac{m+1}{m}\right)$，并确定把所有的负值都代入进去！然后得到 $s=-3\times\left(\dfrac{-60\%+1}{-60\%}\right)=-3\times\left(\dfrac{40}{-60}\right)=-3\times\dfrac{2}{-3}=2$ 英镑。

克里斯蒂阿姨为它们支付了 2 英镑。在这里，不可思议的事情发生了，所有的负值都抵消了。这个结果对于彬克来说简直是太幸运了，因为如果答案算出来是 −2 英镑，那就意味着他将要为克里斯蒂阿姨拿走蔬菜再支付 2 英镑！

可怜的彬克！义卖会场上，大家都纷纷收拾东西，准备收摊了，可他还没卖掉那条裤子，谁也不要……

特别优惠

你是否曾经在商店看到过这样的东西，上面写着诸如"打折
20%"、"所有商品降价30%"的话呢？这其实是在告诉你，他们
正在为你提供折扣，也就是说你可以花更少的钱买同样的商品。
你可以用我们之前看到的那些公式来计算所有的价格，同时记
住，从商店的角度而言打折和亏本是一样的，因此 p 和 m 都将是
负数。

c 是商品最初的价格。

s 是销售价格。（即你必须支付的钱。）

p 是最初价格被减掉的数量，因此它是负数。

m 是折扣，并且它也是负数，因为它使得最初的价格变得更
低了。

让我们来算算，你现在购买这台电视该付多少钱。我们已经知道，它的初始价格（或成本价格）是 200 英镑，还知道它的折扣率是 −15%。现在，我们需要知道它的销售价格 s，所以可以用公式 $s=c(1+m)$。当我们代入数字后，得到 $s=200 \times (1-15\%)=200 \times \frac{85}{100}=200 \times 0.85=170$ 英镑。

请问，他一共节省了多少钱呢？

注意：很多人会认为所节省的钱是实际支付价格的 40%（即 $90 \times \frac{40}{100}=36$ 英镑），但是实际上不是！它应该是初始价格的 40%。我们已知 s 和 m 的值，然后需要得出 p 的值，还是让我们抓住公式 $p=s\left(\frac{m}{1+m}\right)$。其中，$s=90$ 英镑，并且记住 m 是折扣，是负数，即 $m=-40\%$。我们得到：

$$p=90 \times \left(\frac{-40\%}{1-40\%} \right) = 90 \times \left(\frac{-40}{60} \right) = -60 \text{ 英镑}$$

于是"利润"是 – 60 英镑，也就意味着节省的钱数是 60 英镑。

巧克力交易

有时，商店里的商品并不降价出售，而是让你花同样的钱买到更多数量的商品。在我们的公式中 m 总是一个百分数，但是字母 c、s 和 p 不一定只代表钱数。你也可以将它们作为测量的标准，例如柠檬水的升数，绳子的米数甚至某件物品的克数……

如果最初的巧克力盒子里只有 500 克巧克力，那么新巧克力盒子里将会有多少克巧克力呢？

最初是 500 克，那它就是 c，因为在我们的公式里 c 代表最初的值；m 是 + 35%（这次它是正的，因为它变得更大了）；然后我们需要计算出 s，因为它代表着初始值调整之后的值。所以，我们要用的公式是 $s=c(1+m)$。如果我们花时间并谨慎地计算出答案，就会发现新盒子里一共装了……

哇噻！它一共装了 675 克巧克力。

利 息

　　如果你确实很富有，你或许会把钱存入银行或者贡献社会。假如你真的这么做了，所有在银行工作的人一定会很高兴，因为只要银行一关门，他们就可以和这些钱"玩"了。有时，他们会把钱撒在地板上，弄得到处都是，还让硬币在地板上滚来滚去。有时，他们喜欢用钱来玩打仗游戏，把钱捆成一束一束地投向对方。他们还喜欢看看，到底有多少现金可以塞进自己的羊毛衫里或者裤子里。最调皮的时候，他们会把面额最大的纸币都折成纸飞镖扔出去，然后看看这些纸飞镖是否能成功地穿过房间并飞入碎纸机。（顺便说一下，你是否注意到银行里的窗户上总是用一些标志或者窗帘挡住人们的视线？这意味着无论银行什么时间关门，你永远都看不到里面发生的事情。现在，你知道为什么了吧。）

　　你把钱存到银行里，着实令银行里的人高兴不已，以至于他们决定为你借给他们的这部分钱再付给你一些钱。你借给他们的钱越多，他们支付给你的钱也越多，你所获得的这些额外的钱被称为利息。你所获得的利息的总数要用利率来计算。这里有各种各样计算利息的方法，每种都有自己的公式。

单 利

　　有一种简单的利率是年利率（英文"p.a."）5%。这里的字母"p.a."代表"per annum"，即拉丁语"每年"的意思，也就是说你每年将额外得到所存钱数的 5% 作为利息。尽管利息率几乎都用百分数表示，但如果你把它转换为小数，计算起来就更加容易了。还记得吗？% 意味着"被 100 除"，那么 $5\% = \frac{5}{100} = 0.05$。

　　假定你把 600 英镑存入银行，利率为每年 5%，3 年之后你所得到的额外的钱数是：

$$\bigstar 利息 = p \times t \times r$$

p= 本金（即你存入银行的钱数）

t= 年数

r= 每年的利率（用小数表示）

我们把 *r*=0.05，*t*=3 和 *p*=600 英镑代入公式，发现 3 年后你所得到的额外的钱数 =600×3×0.05，共计 90 英镑。

那么，3 年后你一共有多少钱呢？你可以把 600 英镑的本金加上 90 英镑的利息，得到 690 英镑。不过，下面这个公式能自动为你计算出结果：

★ 加上利息的总金额=$p(1 + t \times r)$

> 亲爱的幸运之人：
>
> 　　你失踪已久的比格斯叔叔已于12年前去世，他已把1500英镑以6.5%的年利率存入了你的账户。
>
> 　　妒忌的
>
> 　　　　考木普和赛顺（律师）

多好的比格斯叔叔啊！让我们用公式来看看一共有多少钱正等着你呢！现在已知，*p*=1500，*t*=12。还需要把 *r* 转换成小数，通过计算得出：6.5% = $\frac{6.5}{100}$ =0.065。现在，我们把数字代入公式：

$$总金额 =1500 \times (1 + 12 \times 0.065)$$

提示：一定要先计算括号里面的部分，并且先计算里面的乘法。

总金额 =1500×（1 + 0.78）=1500×（1.78）=2670 英镑

太感谢这些利息了，它把比格斯叔叔留给你的 1500 英镑变成了 2670 英镑！

关于单利账户，你还需了解以下这些事情。银行里的人每年只在固定的日期加一次利息，例如 6 月 30 日。如果你在这天之前 1 个星期把钱存入银行（例如 6 月 23 日），他们可不会在 6 月 30 日这天把一整年的利息都给你，而是将这 1 星期作为一年的 $\frac{1}{52}$ 来计算利息。所以，如果你在 6 月 23 日存了 100 英镑，年利率是 4% 的话，那么在 6 月 30 日，他们会计算出你的账户上有 100（1 + $\frac{1}{52}$ ×0.04），合计 100 英镑零 8 便士。

复利……和更多的钱

银行把比格斯叔叔的 1500 英镑在 12 年后变成 2670 英镑，这样不好吗？

实际上他们应该给你比这更多的钱。

不幸的是，比格斯叔叔把钱存入了彬克所在的银行，那里的小伙子虽然看上去个个体面，可他们的脑子不行，只会计算单利。换句话说，对于比格斯叔叔存的 1500 英镑，他们每年只支付给你 6.5% 的利息，那么每年你将恰好获得 1500×6.5%=97.50 英镑。12 年后，他们将给你 12×97.50=1170 英镑的利息。

但是这有点儿不公平！

第一年之后他们给了你 97.50 英镑，那么在第二年里你就不止有1500英镑在银行,你有1597.50英镑存在银行里。在第二年,你不该仅仅获取1500英镑的利息,还应该得到额外的97.50英镑的利息。换句话说,你应该拿到你的利息的利息!第三年,你不应该只得到第二年的利息的利息,还应该得到来自于第一年的利息的利息的利息!如果钱存了12年,就应该得到利息的利息的利息……你能明白大概的意思吧。

所有利息的利息被称为复利,这很公平,并且大多数银行都会把这笔钱给你。这里是头几年的情况:

		复利(英镑)	储蓄总额(英镑)
存入现金	1500		1500
第一年利息	1500 × 6.5%	97.50	
第一年总额	1500 + 97.50		1597.50
第二年利息	1597.50 × 6.5%	103.84	
第二年总额	1597.50 + 103.84		1701.34
第三年利息	1701.34 × 6.5%	110.59	
第三年总额	1701.34 + 110.59		1811.93

现在,你一定急切地想知道,比格斯叔叔那1500英镑在复利6.5%的情况下,12年后到底变成了多少钱。谢天谢地,还好这里有一个特别的公式能计算:

★**储蓄总额(包括复利)**$= p(1 + r)^t$

我们知道p=1500英镑,r=6.5%,并且t=12,将这些代入后得到:

总额 $=1500 \times (1 + 0.065)^{12}$

$=1500 \times (1.065)^{12}$

$=1500 \times 2.129$

$=3193.64$ 英镑

太让人伤心了！如果比格斯叔叔把钱以复利账户存起来，而不是放在彬克所在的银行里，你将得到3193.64英镑，而不是2670英镑。即使利息的利息这一小部分看起来不是很多，但当你把12年的利息都加在一起，也有足足523.64英镑！

你一定很想知道，彬克所在的银行，把本应该给你的那些额外的钱都干什么了。

指数级收益和更多的钱

假设有人把1000000英镑作为生日礼物送给了你，然后你把它们全部存入银行，并且年利率是7%。1年之后，你预期的利息将会是1000000英镑的7%，即70000英镑。

实际上他们应该
给你比这更多的钱。

你仅仅得到 1000000 英镑的 7% 作为利息,这不太公平。要知道,这 70000 英镑的利息可不是在 1 年期限的最后一天一次性产生的,而是在 12 个月的过程中一点一点积累起来的。既然 1 年有 365 天,那么第一天的利率就应该是 $7\% \times \frac{1}{365} = 0.019178\%$。尽管这个数字看上去很小,但是如果你有 1000000 英镑,那么第二天你就能得到额外的 191.78 英镑。这 191.78 英镑是你的钱,并且它还要在银行里待上 364 天直到这 1 年的最后一天。基于此,你就应该得到更多的利息!

根据上面的算法,第二天你将得到 1000000 英镑的利息加上你的 191.78 英镑的利息,利率是 0.019178%,合计为 3.5 便士。第三天你将得到 1000000 英镑的利息加上 191.78 英镑的利息,再加上你的 3.5 便士的利息。我想,还是用图来说明比较清楚。

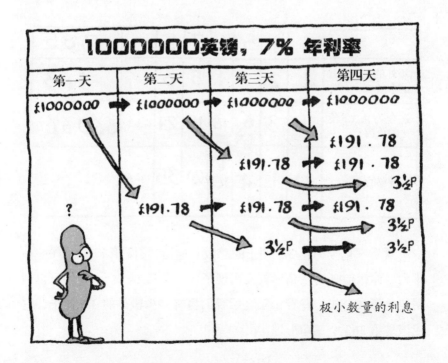

（注：£是英镑，p是便士。）

表格中每一天下面的数字，代表当天你在银行所拥有的钱的总数。你会看到，每一部分钱的旁边都伸出了两个箭头。其中，黑色的箭头表示这部分钱第二天在账户里没有发生变化；白色的箭头指出了新产生的利息。

你应该获得的利息与之前相比，唯一的差别就在于每天新加上的很少的 3.5 便士。当你一次得到 1000000 英镑时，3.5 便士听起来并不算多，但也值得你去考虑。第三天，第一个 3.5 便士到账了。第四天，2 个新的 3.5 便士到账了。（当然还有前一天的 3.5 便士，所以应该是 3×3.5 便士。）第五天，3 个新的 3.5 便士到账了。第六天，4 个新的 3.5 便士到账了……就这样过了 1 年，在第 365 天，你的账户中出现了许许多多个额外的 3.5 便士。

这里有一张图表，能告诉你这些 3.5 便士是如何累加的。（现在，请忽略其中"神秘的一行"。）

天 数	3	4	5	6	7	8	……	365
额外的3.5便士的个数	1	2	3	4	5	6	……	363
迄今为止3.5便士的总数	1	3	6	10	15	21	……	66066
神秘的一行	0	1	4	10	20	35	……	

加

看看"迄今为止 3.5 便士的总数"这行，它按照 1，3，6，10……排列。你相信吗？三角形数又出现了！（见第 14 页。）我们可以利用三角形数公式，看看 1 年之后我们将有多少额外的 3.5 便士，它应该是第 363 个三角形数：

$$T_{363} = \frac{363 \times 364}{2} = 66066$$

哟嗬！1 年之后，我们将有 66066 个额外的 3.5 便士入账，加起来一共有 2312.31 英镑。

实际上他们应该给你比这更多的钱。

我们之前计算出 191.78 英镑一天的利息是 3.5 便士，这其实只是个近似值，正确的答案应该是 3.678 便士。66066 个 3.678 便士，等于 2429.91 英镑，比上面的数字多了 100 多英镑呢！所以说，有些时候，哪怕只计算出 1 便士的极小部分也是值得的。

实际上他们应该给你比这更多的钱。

回过头重新看看我们那张"指数级收益"图表，我们并没有费心思将每天从 3.678 便士中产生的"极小数量的利息"（合计 0.000705 便士）计入在内。第一次出现"极小数量的利息"是在第四天。那么，第五天我们应该有几个"极小数量的利息"呢？第四天，我们在银行里有 3 个 3.5 便士，它们中的每一个在第五天都会给我们带来一个"极小数量的利息"，加上第四天我们已经有的那一个"极小数量的利息"。这意味着，第五天我们将有 3 + 1=4 个"极小数量的利息"。

现在，看一眼前面表中那"神秘的一行"，它所代表的就是"极小数量的利息"个数的增长。你会看到，第四天和第五天分别为数

字 1 和 4，第六天是 10，并且箭头表示它们是由第五天我们已经获得的 4 个"极小数量的利息"，加上第五天每一个 3.5 便士新产生出的"极小数量的利息"得来的。前面，我们便用了三角形数，在"神秘的一行"这里，我们要用到四面体数。（见第 14 页。）由于"极小数量的利息"直到第四天才开始计算，所以 1 年之后"极小数量的利息"的总数应该是第 362 个四面体数。这是我们用四面体数公式的地方：

$$第\ n\ 个四面体数 = \frac{n^3 + 3n^2 + 2n}{6}$$

那么，我们把 n 换为 362 得到"极小数量的利息"的个数：

$$\frac{362^3 + 3 \times 362^2 + 2 \times 362}{6} = 7971964$$

接着用它乘 0.000705 便士，你会发现利息的利息的利息合计为 56.20 英镑。

那么，1 年之后，你存进去的 1000000 英镑一共变成了多少钱呢？

这是我们最初的本金	1000000	英镑
这是最初的利息	70000	英镑
利息的利息	2312.31	英镑
接下来是利息的利息的利息	56.20	英镑
总数 =	1072368.51	英镑

还不错，是不是？

实际上他们应该给你
比这更多的钱。

当然，我们还可以计算出利息的利息的利息的利息……但是当你在银行里存有 1000000 英镑的时候，或许已经懒得去计较那首个第 361 个四面体数，然后用每天 0.000705 便士的利息来乘它。（即0.0000001352 便士。）

你所要考虑的事情是，你该在什么时间把钱存入银行？如果你一天能有 190 英镑的利息，那么一天中在第一个小时你会有7.90 英镑。想必第二个小时你会希望有这 7.90 英镑的利息，不是吗？

或许你应该每分钟……或者每秒钟都更新一次你的账户？

放轻松些，这里有你关心的所有事情的答案。

赶紧敲锣打鼓地庆贺一下吧，这儿有个小巧的公式，能够计算出全年中每个 1 秒钟产生的极小数量的利息的利息的利息……看到这个公式之后，没准你还会疑惑它怎么会如此"小巧"……

★ 银行现金总数 $= pe^{rt}$

$p =$ 你的本金（你最初存到银行里的钱）

$t =$ 年数

$r =$ 利率（用小数表示）

$e = 2.718281828459\cdots\cdots$

字母 e 是这个公式中灵活的组成部分，它用来代表"相当奇特的数字"。（我们甚至可以在 e 的小数部分列出更多的数字，但是我们懒得再把它继续打印出来。）e 的高级描述是"自然对数的底"，这一解释对于大多数人而言没有多大的意义。事实上，e 能帮助我们处理任何增长得很快的事物，包括你那 1000000 英镑。第一天你得到了 191.78 英镑的利息，第二天你得到了多出 191.815 英镑的利息，也就是说你的钱增加得更快了。你可以使用 e 去了解在植物和动物身上发生的一些事情。每一种生物的每个部分都在随时增长，

它们长得越大，增长的速度也越快。关于这个内容，《数字——破解万物的钥匙》一书中有更详细的说明，现在还是让我们先用这个公式看看，1000000 英镑以 7% 的年利率在银行存了 1 年之后发生了什么。

$p=1000000$ 英镑

$r=0.07$

$t=1$

总数 $=1000000 \times 2.7182818^{0.07 \times 1}$

如果你不想自己在脑子里算来算去的话，那就需要一个有 e^x 按钮的计算器。为了计算出 $2.7182818^{0.07}$，你要先按下 e^x 按钮，然后输入 0.07，得到 1.072508181。现在，你所要做的就是计算出 $1000000 \times 1.072508181$，得到：

总数 $=1072508.18$ 英镑

在第 86 页，我们计算出的总数是 1072368.51 英镑，但是如果我们能计算出所有利息的利息的利息……并且为 1 年里成万上亿的 1 秒钟进行计算，那么我们就会得到额外的 139.67 英镑。

银行如何致富

尽管银行喜欢你把钱存到他们那里，但是偶尔他们也会发现自己必须把一些钱借给别人。不过，银行都有一套能让他们赚更多钱的体系，简单而杰出。

当你把钱存进银行的时候，他们只付给你低利率。

当银行把钱借给你的时候，他们向你收取高利率。

假如格特鲁德在银行存了 100 英镑，银行可能只给她 5% 的利息，但是如果阿加莎向银行借了 100 英镑，他们可能会收 7% 的利息。因此，基本上我们已经回到了本章开始的时候——$p=s-c$。

如果格特鲁德在银行存了 100 英镑，阿加莎同时向银行借了 100 英镑，银行支付给格特鲁德 5 英镑的利息，却要向阿加莎收取 7 英镑的利息。因此，银行的利润 $p=7-5=2$ 英镑。他们得到了 2 英镑，并且没花一分真正属于银行的钱。

就像我们说的，它是简单而杰出的。

星期运算**法则**

你想知道下面这些日子是星期几吗？

▶ 你奶奶出生的日子

▶ 2500 年的圣诞节

▶ 今天

如果你试图找出上面这类问题的答案，你将发现自己碰到了和庞戈一样的难题。他正在设法唤醒那久远的、褪色了的罗曼史记忆。

有一种方法，可以帮我们计算出任何日期是星期几，这太令人吃惊了。它需要你完成很多的运算步骤，我们不妨给它取个别致的名字——星期运算法则。在这个方法中，我们需要先将待查询的日期代入一系列小的公式，分别计算出它们的结果，然后将这些结果代入下面这个诡异的公式中：

★ 星期几=

$$(\text{日期} + y + [\frac{31m}{12}] + [\frac{y}{4}] - [\frac{y}{100}] + [\frac{y}{400}]) \; MOD7$$

这公式一眼看上去还真是美得令人目眩啊！你马上就会看到 y 和 m 是怎么得来的，以及特殊括号 [ ] 和 $MOD7$ 是什么意思，但还是先看看这个吧：公式中的不同部分如何处理不同的问题。

30 天还是 31 天？

星期运算法则考虑到一年之中，4 月、6 月、9 月和 11 月只有 30 天，剩下的其他月除了 2 月都有 31 天。所以，公式中 $[\frac{31m}{12}]$ 部分便用来处理这个问题。

2 月 29 日怎么算？

这的确是让人头疼的一天。2 月除了在闰年是 29 天，通常只有 28 天。在具体的运算过程中，会出现一个字母 f 来帮助解决这个问题。

什么年份是闰年？

闰年每 4 年一次，新世纪开始的那一年除外，例如 1800 年就不是闰年。但是如果这一年可以被 400 整除，那么它就还是闰年，例如 2000 年是闰年，2100 年则不是闰年。这个问题由 $[\frac{y}{4}] - [\frac{y}{100}] + [\frac{y}{400}]$ 这部分来解决。

如果你认为闰年会给计算造成麻烦，其实还有一个更大的麻烦在等着你——算出的最终结果千万不能是分数或者小数。设想一下，如果算了半天，你发现自己居然出生在星期一 .741，或者 $\frac{1}{2}$ × 星期四这一天，实在是太傻了！所以，星期运算法则中使用了两个相当少见的数学窍门，分别叫做 INT 和 MOD。

INT 是指整数除法，这对懒人来说简直是莫大的享受。一个整数就是一个完整的数字。当你做整数除法的时候，只需要保留答案中的整数部分。你可以借此甩掉整数后面的小数，甚至不用为答案的四舍五入烦恼，太让人高兴了！我们会在需要使用整数除法计算的地方，用方括号 "[ ]" 标注出来。

如果你按照普通的方法计算 $\frac{14}{5}$，得到的答案是 2.8。然而，如果你要计算 $[\frac{14}{5}]$ 的结果，你得到的答案就正好是整数 2，因为 [ ] 意味着你要扔掉答案中的小数部分。下面这个例子尤其重要：$\frac{5}{8}$ 通常等于 0.625，但是 $[\frac{5}{8}] = 0$。在这里，我们将小数部分完全忽略不计，计算结果只能等于 0。

关于计算器的提示

INT 整数除法

有些计算器上会有一个 INT 按钮,但如果你的计算器没有这个按钮,也没关系。输入你要做的整数除法,例如 [$\frac{47}{3}$] 就是 $47 \div 3$,得到的答案是 15.6666……现在,只需要在计算器上找到小数点的位置,然后甩掉它右边的部分,左边剩下的数字就是正确的答案。

MOD 是指模数,它和整数除法几乎完全相反。同样是做除法,这一次你所关注的却是整除后的余数!所以如果你看到(14)MOD5,意味着要把 14 除以 5,得到商为 2 余数为 4。模数部分要求你必须忽略 2,因为答案只和余数 4 相关!因此,(14)MOD5=4。

这里还有其他一些例子:(55)MOD6=1,(33)MOD20=13,(48)MOD8=0。最后一个例子并没算错,因为当你做 $48 \div 8$ 时,答案是 6 并且没有余数。

星期运算法则的6个步骤

首先，计算出字母 f 的值，并且用它算出你最后可以代入大公式的 m 和 y 的值。

第一步　选择你要计算的日期（1—31），月（1—12）和年份

（例如 1994 ）。

第二步 $f=[\dfrac{14-月份}{12}]$

这部分是根据你要计算的月份是 2 月之前还是 2 月之后，进行一个调整。（如果你要计算的月份是 1 月或者 2 月，那么 f 将为 1，否则 f 为 0。没有其他可能。）

第三步 $y=$ 年份 $-f$

除非你要计算的日期在 1 月或者 2 月，否则 y 和年份相同。

第四步 $m=$ 月份 $+12f-2$

第五步 星期 $=$

$$(日期+y+[\dfrac{31m}{12}]+[\dfrac{y}{4}]-[\dfrac{y}{100}]+[\dfrac{y}{400}])\;\text{MOD}7$$

感谢模数 7，它让计算的最终结果在 0、1、2、3、4、5、6 当中。

第六步 转换为星期几：

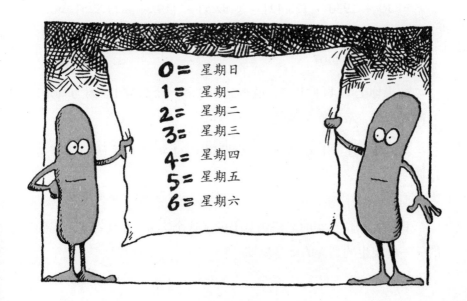

0 = 星期日
1 = 星期一
2 = 星期二
3 = 星期三
4 = 星期四
5 = 星期五
6 = 星期六

找一位老奶奶来做这个测试，看看她出生在一周中的星期几，然后看看我们的算法是否正确。老奶奶的生日是 1931 年 1 月 19 日，那么我们继续。

第一步 日期 =19，月份 =1，年份 =1931

第二步 $f=[\dfrac{14-月份}{12}]=[\dfrac{14-1}{12}]=[\dfrac{13}{12}]=[1.0833]=1$

第三步 $y=$ 年份 $-f=1931-1=1930$

第四步 $m=$ 月份 $+12f-2=1+（12×1）-2=11$

第五步 星期几 =

$$（日期+y+[\dfrac{31m}{12}]+[\dfrac{y}{4}]-[\dfrac{y}{100}]+[\dfrac{y}{400}]）MOD7$$

$$=（19+1930+[\dfrac{31×11}{12}]+[\dfrac{1930}{4}]-[\dfrac{1930}{100}]+[\dfrac{1930}{400}]）$$
MOD7

$$=（19+1930+[28.42]+[482.5]-[19.3]+[4.825]）MOD7$$

$$=（19+1930+28+482-19+4）MOD7$$

$$=（2444）MOD7$$

如果你把 2444 除以 7，就得到 349 和一个余数 1。因为 MOD7 只需要余数，最终答案就是……1。

第六步 查一下万年历，你会发现 1931 年的 1 月 19 日正好是星期一。

我们在一位真实的老奶奶身上做了这个实验，并且答案是正确的——她出生的那天的确是星期一！

如果你想找出 2500 年的圣诞节是星期几,可以把日期 =25、月份 =12 以及年份 =2500 代入公式。当你做完下面这几个步骤,f 正好为 0,于是 $y=2500$ 并且 $m=10$。把它们代入大公式得到:

$$(25 + 2500 + [\frac{31 \times 10}{12}] + [\frac{2500}{4}] - [\frac{2500}{100}] + [\frac{2500}{400}]) \bmod 7$$
$$= (25 + 2500 + 25 + 625 - 25 + 6) \bmod 7$$
$$= (3156) \bmod 7$$

$3156 \div 7 = 450$,余数为 6,也就是说 2500 年的圣诞节将会是星期六!

警　告

如果你正在学习历史,要想算出 1753 年之前的某个日期是星期几就比较困难了,因为当时的人们在那一年修改了日历系统,有些日子被他们无情地抹去了。

排列、组合及 不为人知的公式

在《概率——寻找你的幸运星》一书中，有各种计算排列与组合的公式。公式狂热分子非常喜欢它们，因为他们可以在那些公式中使用阶乘符号 "!"，这个符号意味着你可以把一个数字及其依次递减 1 的各个数，一直到 1 都乘起来。例如：$4! = 4 \times 3 \times 2 \times 1 = 24$。有趣的是，在那本书里，排列与组合居然对马戏团帐篷的大小起了作用。阶乘算式看起来很吓人，但是当你着手计算它们的结果时，它们就会互相抵消，像气泡一样"砰"地破裂。看看下面这个例子：

排列——将嫌疑人按顺序排列

排列是指将一组事物根据不同的方法进行排序，并计算出共有多少种方法。在这里，我们将给出其中最简洁的公式之一：

★ *n*个不同物体的排列数 = *n*！

多莉小姐指控说在路上看见了一个四处游荡且有攻击倾向的人，于是，警官派彻斯凯中尉找来了 5 个嫌疑人站成一列让她指认。那么，这些嫌疑人一共有多少种不同的列队的方法呢？答案是 5！。（即 5！= 5×4×3×2×1=120 种。）

如果所排列的物体中有几个完全相同，我们的排列就变得有意思了。举例来说，如果中尉找来的 5 个嫌疑人中，有 3 个人决定戴上相同的小丑面具，那他们的列队数就会减少。

如果这 5 个嫌疑人都戴上了小丑面具，那他们就只剩下 1 种列队方法。

要算出混合在一起的许多物体的排列数量，最简单的方法是先将其中不同的物体进行分组。假设多莉现在指控一个人身上的体味太重，这次中尉一共找来了 12 个嫌疑人进行列队指认。其中 5 个人戴着小丑面具，2 个人戴着兔子头套，3 个人戴着大墨镜和秃头式假发套，剩下的 2 个人忘记把自己伪装起来，所以看上去和别人都不一样。

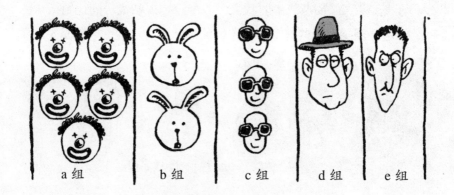

a 组　　　b 组　　　c 组　　　d 组　　　e 组

带重复的排列数=

$$\frac{\textbf{总的物体数量！}}{（\textbf{a组个数})！×（\textbf{b组个数})！×（\textbf{c组个数})！×……}$$

我们总共有 12 个嫌疑人，a 组 5 人，b 组 2 人，c 组 3 人，d 组 1 人，e 组 1 人。当我们把这些数据代入上面的公式，就得到 $\frac{12！}{5！×2！×3！×1！×1！}$。由于 1！就等于 1，所以一共有 $\frac{12！}{5！×2！×3！}$ = 332640 种嫌疑人列队的方法。

这个数字看起来很大！可是别忘了，如果中尉把这些人身上的所有伪装都揭走的话，那么每一个嫌疑人就都各不相同了，他们排成一列的排列数将是 12! =479001600。

组合：选择扑克牌和彩票数字

假设你手边有 7 张各不相同的扑克牌，并且可以从中任意抽取

4张牌。你所选择的扑克牌的集合就叫做一个组合。如果牌面顺序也要考虑在内，下面这个公式能计算出你选取并排列扑克的所有组合的数量：

★ **考虑排列顺序的不同组合数** $= \dfrac{n!}{(n-p)!}$

n = 供你选择的不同物体数量

p = 你可以选择的物体数量

在上面这个例子中，$n = 7$，$p = 4$，你能选取并排列扑克的所有组合的数量 $= \dfrac{7!}{(7-4)!} = \dfrac{7!}{3!} = 840$。

这么多的选取扑克的方法是因为考虑到牌面列出的顺序。同一种牌面的组合，如下图所示，往往被当做两种排列法。

然而对于组合而言，人们往往不考虑顺序的问题。（上面两组扑克牌只会被计算为 1 个组合，因为它们所包含的 4 张牌完全一致。）这样一来，你所得到的组合数量就会变少，下面是更为常用的公式：

★ **不考虑顺序的组合数** $= \dfrac{n!}{p!(n-p)!}$

n = 供你选择的不同物体数量

p = 你可以选择的物体数量

所以，如果你从 7 张牌里抽出 4 张，你能找出的不同组合的数量是 $\dfrac{7!}{4!(7-4)!} = \dfrac{7!}{4! \times 3!} = 35$。

顺便说一句，人们在书写组合的时候还有一个简洁形式。你可以不再费劲地写下"有多少种方法能从 n 个不同物件中以任意顺序选择出 p 个物件"，而是将它写成 C_n^p。就在刚才，我们已经计算出

了 C_7^4 的结果。

在人们使用组合的例子当中，最广为人知的就是用它选择自己所购买的彩票数字。在英国，人们要从 49 个不同的数字里选出 6 个（顺序无关紧要），所以他们有 C_{49}^6 种不同的选择，也就是 $\dfrac{49!}{6! \times 43!} = 13983816$ 种。在这么多种组合中，只有 1 种能赢得累积的奖金，这就意味着选到成功组合的概率是 $\dfrac{1}{13983816}$，几乎是 1:1400 万的概率。

组合：掷骰子

当你选择扑克牌或者彩票数字的时候，组合中的每张牌或数字都各不相同。然而，当你掷骰子的时候，会发现相同的结果往往出现不止一次，这个时候，事情就变得大不一样了。

那么，同时掷 4 个骰子，会有多少种不同的组合呢？每个骰子都有 6 个不同的数字"选择"（所以 $n=6$），而 4 个骰子最终可以掷出 4 个数字（所以 $p=4$）。如果把不同骰子掷出结果的顺序也考虑在内的话，所有组合的数量是：

★ 考虑顺序的数字重复的组合数=n^p

在这个例子中，4 个骰子可能的结果数为 $6^4=1296$。但是几乎没谁会去关心骰子的顺序，而只关心最终的数字组合。

如果对顺序也有要求的话，这些都是不同的组合

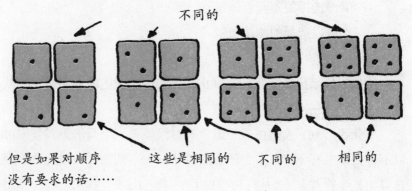

那么，在不考虑顺序的情况下，我们能从一副骰子中得到多少种不同的组合呢？结果来自于一个我们从来都没见过的公式！准备好你的相机了吗？因为这就是……

不为人知的公式

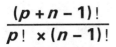

★ **不考虑顺序的数字重复的组合数=**

$$\frac{(p+n-1)!}{p! \times (n-1)!}$$

你给刚才那个公式拍照留念了吗？它可真是一个非常罕见的公式，为了再次确认你找到了它了，再拍一张吧，否则没人会相信你真的找到它了。关于这个公式，还有一个让人匪夷所思的地方——尽管它很有用而且回答了一个相当简单的问题，但是它几乎从没出现在任何一本书上或是互联网上（除了我们这本！）。这就是为什么它几乎完全不为人所知，直到我们在这儿把它写出来。

让我们通过掷4个骰子来检验一下这个公式。由于之前$n=6$且$p=4$，所以4个骰子所有可能的组合的总数为：

$$\frac{(4+6-1)!}{4! \times (6-1)!} = \frac{9!}{4! \times 5!} = 126$$

现在，让我们写出4个骰子所有可能的组合，检查一下公式得出的结果是否正确。

1111 1112 1113 1114 1115 1116 1122 1123 1124 1125 1126 1133
1134 1135 1136 1144 1145 1146 1155 1156 1166 1222 1223 1224
1225 1226 1233 1234 1235 1236 1244 1245 1246 1255 1256 1266
1333 1334 1335 1336 1344 1345 1346 1355 1356 1366 1444 1445
1446 1455 1456 1466 1555 1556 1566 1666 2222 2223 2224 2225
2226 2233 2234 2235 2244 2245 2246 2255 2256 2266 2333 2334
2335 2336 2344 2345 2346 2355 2356 2366 2444 2445 2446 2455
2456 2466 2555 2556 2566 2666 3333 3334 3335 3336 3344 3345
3346 3355 3356 3366 3444 3445 3446 3455 3456 3466 3555 3556
3566 3666 4444 4445 4446 4455 4456 4666 4555 4556 4566 4666
5555 5556 5566 5666 6666

尽管有很多其他公式也能计算出骰子组合的数量，但是这个不为人们熟知的公式已经足够了，它能解决各种问题，包括诸如可能出现重复数字的组合，不考虑顺序的问题等等。现在你还头脑清楚的话，接下来你可能就要犯迷糊了，如果你想弄清楚那些纯理论数学家们正在涂料店里忙着什么……

如果 6 罐涂料的颜色各不相同，那么纯理论数学家们可能调制出来的不同颜色总数为 $C_8^6=28$。

既然涂料的颜色不必各不相同（而且它们之间混合的顺序也无关紧要），想计算出数学家们可能调出来的不同颜色的总数，就需要使用前面那个不被人们熟悉的公式了。由于他们选择了 6 罐涂料，所以 $p=6$，同时有 8 种颜色可供选择，即 $n=8$。使用那个公式之后，我们得到：

$$\frac{(6+8-1)!}{6! \times (8-1)!} = \frac{13!}{6! \times 7!} = 1716 \text{ 种不同颜色}$$

即使这个公式还不为人们所熟悉，但它已经有了很多不同的用途。只有一点它做不到——它控制不了涂料混合后的颜色——那真是令人惊悚啊！所以，我们要在这里发出警告：如果你不愿看到 3 罐粉红色涂料、1 罐橙色涂料以及 2 罐银色涂料混合后的颜色，请无论如何绕行纯理论数学家们的浴室。

所有你可能永远用不到的
图形和几何体公式

你属于哪种类型的人？请作出选择。

▶ 友好的正常人

如果是这样，回头看看第 6 页那些排列整齐的关于形状和几何体的公式，你一定会非常满意，谢谢！

▶ 《经典数学》的粉丝

你是《经典数学》的粉丝？真的吗？那么不用说，前面看到的那些公式根本满足不了你，不是吗？当然，你想知道更多的公式。你还需要解决诸多棘手的问题，比如……

我们可不愿把你独自留在困境中，特地编写了后面3章，那里有各种各样令人兴奋的公式。为了最大限度地满足你阅读的乐趣，同时为了使用方便，下面的图会告诉你它们是怎样划分的。

（当然，我们也非常欢迎那些正常人阅读这些章节，不过事先声明——你在这几章里看见的公式可能永远也用不上。同时，也是你从来都不知道的……）

多边形公式

多边形是指由 3 条或更多条直线围成的任何形状。针对不同的情况，每个单一的形状都会产生一堆不同的公式。

提前对本章用到的字母符号作一下介绍

$a,b,c,d\cdots\cdots$ 边长——通常用小写字母。

$A,B,C,D\cdots\cdots$ 角——通常用大写字母。

p 周长——将多边形所有边的长度相加。能很方便地计算出绕奶牛场一圈需要走过的篱笆的长度。

哞……

周长$=a+b+c+d+e$

★ 周长=所有边相加的总和

s 半周长——就是周长的一半。对计算绕奶牛场一圈需要走过的篱笆的长度没有作用，而且你的奶牛会从没篱笆的地方溜走。

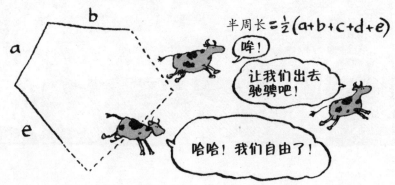

半周长$=\frac{1}{2}(a+b+c+d+e)$

哞！

让我们出去驰骋吧！

哈哈！我们自由了！

★ 半周长=$\frac{1}{2}$ × 所有边相加的和

你可能会认为半周长只是一个让生活更加复杂的、毫无意义的东西，但是它们总是会在人们意想不到的地方出现。在你的奶牛跑掉之后，半周长也会在一个你根本想不到的地方出现，所以千万要小心！

R 指的是外接圆的半径，所谓外接圆就是围绕某个形状外沿一周得到的最小的圆。假设你前往"饿疯了"酋长库玛的家去吃咖喱，然后坐在一张最大的桌子旁边（一张长方形的桌子）。库玛找来一块圆形的桌布刚刚能盖住桌面，那么，这块桌布的大小就与这张桌子的外接圆相同。

对于长方形或正方形而言，R 恰好是 $\frac{1}{2}$ × 我们得到的对角线的长度：

$$\bigstar\ \boldsymbol{R}\ （矩形的外接圆的半径）=\frac{\sqrt{a^2+b^2}}{2}$$

r 是指内接圆的半径，所谓内接圆就是在某个形状内能画出的最大的圆。假设你告诉库玛，想吃一道用食人鱼做的特色菜，圆盘子端上来之后才发现它如此之大，以至于刚好把桌子占满且没有超出桌子的边缘。那么，这个盘子的大小就正好是这张桌子内接圆的大小。

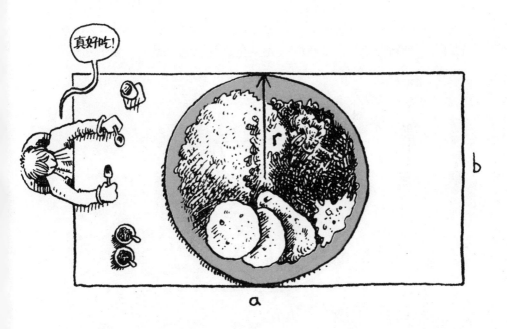

对矩形来说，只有一个公式中会出现 r，那就是 $r=\frac{1}{2}$ × 矩形最短边。要是库玛的桌子恰巧是个正方形，所有的边长都等于 a，你就能得到一个稍微简洁点儿的结果：

★ 正方形对角线$=a\sqrt{2}=\sqrt{2}\times a$

★ R（正方形的外接圆的半径）$=\dfrac{a}{\sqrt{2}}$

★ r（正方形的内接圆的半径）$=\dfrac{a}{2}$

现在，我们得离开"饿疯了"酋长家了，带上你的油煎印度薄饼，让我们继续出发。

正多边形公式

一个正多边形可以有任意数量的笔直的边，只要这些边的长度都相同并且每个内角的度数也都相等。（正方形就是一个正多边形，然而长方形却不是。）虽然瑞弗先生在这儿画的只是一个正五边形，但是下面这些内容适用于有任意条边的正多边形。

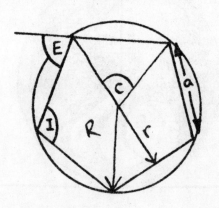

$a=$ 一条边的长度　　　　$E=$ 外角

$n=$ 边的总数　　　　　　$I=$ 内角

$R=$ 外接圆的半径　　　　$C=$ 中心角

$r=$ 内接圆的半径

在所有这些项中，你只要知道 a 和 n，就能通过下面的公式计算出其他所有你想知道的项。

★ **中心角=外角**$=\dfrac{360°}{n}$

★ **内角**$=\dfrac{n-2}{n}×180°$

★ R（**外接圆的半径**）$=\dfrac{a}{2×\sin(\frac{180°}{n})}$

★ r（**内接圆的半径**）$=\dfrac{a}{2×\tan(\frac{180°}{n})}$

★ **面积**$=\dfrac{na^2}{4\tan(\frac{180°}{n})}$

啊哈！你会发现，最终我们在这里出现了一些三角函数，即 sin 和 tan。此外，还有一个三角函数叫 cos，它也很快就会出现了。三角函数事实上十分有意思，《经典数学》中有一本名为《玩转几何》的书就是专门讲它们的，全书长达 208 页，包含了下面这些有趣的公式：

★ **sin公式** $\dfrac{a}{\sin A}=\dfrac{b}{\sin B}=\dfrac{c}{\sin C}$

★ **cos公式** $\cos A=\dfrac{b^2+c^2-a^2}{2bc}$

或是 $a^2=b^2+c^2-2bc\cos A$

然而，为了便于大家阅读，我们审阅了整本书并删去了其中所有对计算这些公式而言不是绝对重要的东西。截止到我们完工，一共删掉了 207.5 页的内容。现在，让我们看看这个方框里装的剩下的内容。

如何计算 sin，cos 和 tan……

你需要一个有 sin、cos 和 tan 按钮的计算器，这些功能能帮你把角度转换成分数。例如，要计算出 sin28° 的值，你需要先后按下 sin、28 和 =，然后就能得到类似 0.469 之类的东西。

如果看到 $\sin^{-1}$、$\cos^{-1}$ 或 $\tan^{-1}$，那你就要进行反向操作了，也就是把分数（或小数）转换成角度。这需要按下 INV 按钮。（有时候，这个按钮会被标为 SHIFT 甚至是 2NF。）所以，如果你要计算出 $\tan^{-1}0.82$ 的值，就要先后按下 INV、tan、0.82 和 =，之后你就会得到 39.35°。

对于根本不想看见 sin、cos 和 tan 的人来说，看见公式中带有它们的确有点儿吓人，不过别担心。你遇到这些三角函数的可能性，肯定小于看到一头拿着电锯的猪，所以你完全可以放轻松。请将身体向后，靠在你豪华的扶手椅上，再把脚放到你豪华的桌子上，按下旁边银色的小响铃，叫用人为你端上豪华的充满泡沫的汽水和薯条。

你闭上了自己的眼睛，即刻沉浸在一个解决多边形问题的梦中，这个梦是如此美好，以至于你根本没有听到从房子那边传来的讨厌的砰砰声和重击声。

虽然你的眼睛和耳朵暂时没有工作，但是你的鼻子却深深地嗅到一股发臭的球芽甘蓝的味道，这让你不禁恐慌起来。你吃惊地睁开眼睛，猛然看见一头拿着电锯的猪正在门口乱锯。

"哦！不！"你叹息道，这时你已经意识到刚才闻到的气味是什么了。它不是这头猪的。

"哦！是的！"传来了一个邪恶的声音。该死的！你的死对头芬迪施教授走进了房间，带着恶毒又不怀好意的一瞥。"我说，你在等你的汽水和薯条吗？我为你带来了一个恶魔级的挑战，除非你把它解决掉，不然我就会在你的吸管上打一个结。这样一来，你在用它喝饮料的时候就不得不非常用力地吸，然后你的头就会因缺氧而窒息。"

多么恐怖啊！然而在你冷冷地瞪着他时，他却向旁边走去，露出了你那已经被改成正八边形的门口。你飞快地看了一看，发现8条边的长度都是精确的0.7米。

"干得好，我最信赖的雇员！"教授边说边拍他的宠物猪。当他说话的时候，你发觉他已经把刚才那不怀好意的一瞥换成了狡猾的笑。"现在，你必须计算出这门口的最长的对角线。"他狡猾地瞥了一眼门口。

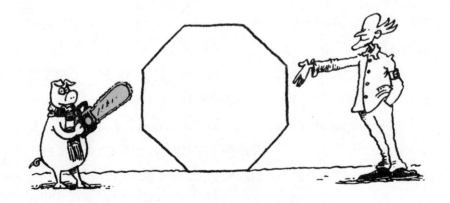

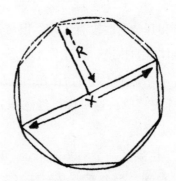

"哼，这还不简单！"你小声咕哝，随手画出了一个八边形，并围着它画了一个外接圆，熟练而且精确。这个圆的半径是 R，最长的对角线 x 恰好就横跨圆的中心，很明显是 $x=2 \times R$。

由于我们知道 $R = \dfrac{a}{2 \times \sin(\frac{180°}{n})}$，所以我们只要将它乘 2 就得到：

★ 一个含有偶数条边的正多边形的最长对角线=

$$\frac{a}{\sin(\frac{180°}{n})}$$

事实表明，你最终还是不得不用到一个含有 sin 的公式。接下来，你该怎么做呢？你已经知道 $a=0.7$ 且 $n=8$，将它们代入公式得到 $\dfrac{0.7}{\sin(\frac{180°}{8})}$。首先，计算出小括号里面的部分：$\dfrac{180°}{8}=22.5°$。现在，你只需要抓住你的计算器，按下 0.7、÷、sin、22.5、=，然后就可以告诉教授，答案是 1.829 米！你的吸管保住了。

"好好喝你的饮料吧！"教授小声咕哝着，心里想着：这小子怎么会知道呢？就在刚才，教授还觉得自己已经吃定你了，你却用一个简单的公式把他打败了。正当你在想着自己的辉煌成就时，更多的砰砰声传了过来。不过几秒钟，你发现自己的门口竟然变成了一个正七边形！7 条边每条边的长度都是 0.7 米。

"现在，它最长的对角线是多少？"教授窃笑道，带着一种胜

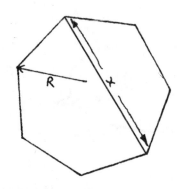

利的不屑，"要是你算不出正确的答案，我就用脚把你的薯条狠狠地踩扁，然后让你用吸管把它们统统吸上来。"

哦！哎呀！这看起来真有点儿棘手了，因为尽管你能使用这个公式计算出 R（结果是 0.806 米），但是最长的对角线 x 并不穿过圆心，所以它可能会稍微小于 $2R$。这让事情变得有点儿要命了。不过幸运的是，你这边还有一件教授没有的法宝——你有朋友啊！

这是真的。在本书的文稿最初完成的时候，我们为解决这个问题所用的原始公式，它的规模和形状简直和一架联合收割机差不多。很幸运，它被我们的公式顾问发现后撕成了碎片，感谢金普顿先生和温驰先生精力充沛的大脑，得以让我们在这里展示给您这个口袋般大小、功能密集，而且能击退教授的公式：

★ 一个含有奇数条边的正多边形的最长对角线=

$$\frac{a}{2 \times \sin\left(\frac{90°}{n}\right)}$$

你所要做的只是把 a=0.7 和 n=7 使劲敲进去，得到 $\frac{0.7}{2\sin\left(\frac{90°}{7}\right)}$。把这个结果放进洗衣机，设置成"轻薄衣物快速洗涤"程序，选择一个柔和的脱水周期，挂出来晾在晒衣绳上，然后你就可以宣布答案了……

1.573米。

在叫嚷和狂怒中，教授从那头猪的手中抢过电锯，带着重重的切割声和咒骂声，他把门口变成了一个不规则的十三边形。最后他走了回来，立刻把他恶毒的、狡猾的以及带有胜利的不屑表情全部堆在脸上，却没有察觉到他的嘴形和门口的形状完全相同。所有的13条边的长度各不相同，而且角度看起来也很糟糕——门口已经彻底被破坏掉了。

"你已经完成了吗？"你问道。

"还没呢！"他说道，并且很熟练地用锤子把你的计算器砸成碎片，"现在看看你还能不能计算出这个门口的最长的对角线！哈，哈，哈！"

大概10秒钟之后……

"最长的对角线是1.67米。"你自信地说。

带着咒骂声和呜咽声，那个刁钻的人转过身离开了。他知道他不能打败你那闪光的智慧。满足地舒了一口气之后，你记下了刚才用来计算最长对角线的公式：

> 最长的对角线=用尺子量一下，显示多少就是多少

归根结底，公式的确很有意思，但是为什么要把简单的事情搞复杂呢？

不规则多边形的公式

能用于不规则多边形的公式只有这个：

$$\bigstar \quad 内角和 = (n - 2) \times 180°$$

芬迪施教授的 13 条边的门口，所有内角度数的总和是（13 - 2）× 180° = 11 × 180° = 1980°。

如果你想要计算出一个不规则多边形的面积，那么你通常需要把它分成几个三角形，并计算出所有三角形的面积，再相加。所以猜猜下面要讲什么……

三角形面积公式

计算三角形面积的公式主要有 4 个，其中 1 个简单、2 个巧妙、1 个非常需要技巧。（对于等边三角形而言，还有一个特殊公式。）首先，我们得确定你了解简单公式是如何计算的。

★ 三角形面积 $=\frac{1}{2}\times$ 底 $\times$ 高

现在，我们得到了底 $=5$ 米，高（底的垂线）$=4$ 米，所以面积 $=$ $\frac{1}{2}\times5\times4=10$ 平方米。

如果你有一个直角三角形并且知道两条短边的长度，那么生活就会变得极其简单，你可以拿其中一条短边做底，另一条短边就是高。于是，你就得到了一个非常简洁的公式：

★ 直角三角形面积 $=\frac{1}{2}\times$ 两条短边的乘积

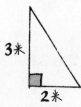

此时的面积 $=\frac{1}{2}\times2\times3=3$ 平方米

特殊公式

★ 等边三角形的面积 $=\frac{\sqrt{3}}{4}a^2$

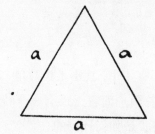

到目前为止一切都很好，但是如果你不知道三角形垂线的高度，而且它也不是等边三角形，那么你就需要一个更加巧妙的公式了。巧妙计算三角形面积的公式可离不开下面这张小示意图。

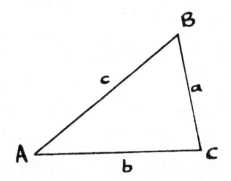

在这里，你要记住角 A 总是在边 a 的对面，角 B 与边 b 相对，角 C 与边 c 相对。理解了吗？准备好迎接你的第一个巧妙的三角形公式了吗？

★ **三角形面积**$=\dfrac{1}{2} \times a \times b \times \sin C = \dfrac{ab\sin C}{2}$

要使用这个公式，你需要知道三角形两条边的长度和它们之间夹角的度数。（角 C 总是在边 a 和边 b 之间。）

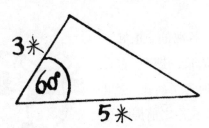

在这个例子中，我们用两条边的长度 3 米和 5 米替换字母 a 和 b，用 $60°$ 替换 C。因为 0.5 和 $\dfrac{1}{2}$ 是一样的，你只需要把 $0.5 \times 3 \times 5 \times \sin 60°$ 敲进你的计算器，然后就可以得到面积为 6.495 平方米。

如果你知道三角形一条边的长度和所有角的度数，就可以使用第二个巧妙的三角形面积公式了。

★ 三角形面积 $= \dfrac{a^2 \sin B \sin C}{2 \sin A}$

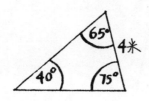

注意，你知道的边长是 a，角 A 是与这条边相对的那个角。

坏消息：这个公式可不怎么好看，而且为了得到答案你需要敲一阵你的计算器了。

下面就是：

$$\frac{4^2 \times \sin 65° \times \sin 75°}{2 \sin 40°} = 10.895 \text{ 平方米}$$

好消息：不是很多人知道这个公式！如果你曾参加过"谁知道最多三角形面积公式"的比赛，那你一定会赢的。

终于到了本书中最精彩的部分之一了。技巧型公式适用于任何一个三角形，它不需要垂线的高度，也不需要任何角度，它所需要的仅仅是 3 条边……

★ 海伦公式用于三角形面积 $= \sqrt{s(s-a)(s-b)(s-c)}$

其中 $s = \dfrac{1}{2}(a+b+c)$

你会发现，神秘的 s 正好等于三角形的半周长，哇噻！它真的出现了！（因为半周长，这里出现了一头牛，我们之前提醒过你的。）记住，半周长就是周长的一半，所以和 3 条边加起来然后除以 2 是一样的。

现在到了休息一会儿，并赞赏一下那个公式的时候了。即使你从来没有使用过它（而且老实说，你可能将来也不会用到它），可它难道不是很富有传奇色彩吗？很显然，无论是谁想出这种美好事物的，他一定有点儿与众不同。不妨查阅一下"海伦"这个词，一定不会让你失望的。你将会发现这个公式是由一只站在水中吃鱼的大鸟发明的。

呵呵，我们确实很喜欢我们的笑话，不是吗？事实上，这个公式的真正创造者生活在 2000 年之前，是住在亚历山大的一个聪明人——海伦（或海隆，正如一些人对他的称呼）。他有一个绰号，叫做"机械侠"，因为他在做一些技巧数学运算的同时，还发明了许多具有娱乐性的小工具，数量之多足以填满一张礼品店的商品目录表了。其中，包括第一台"蒸汽机"、发射"火箭"的机器、投币式饮料售货机和许多能做有趣事情的"机器人"和"机器动物"。他甚至曾经为一座寺庙发明了一个有趣的装置。如果你在那座寺庙门前的大盆子里点一把火，不一会儿，门就会自动旋转开；当火熄灭后，门又会慢慢地关闭。

要知道这个三角形的面积，我们首先需要知道 s，即它的半周长。它的周长是 $7 + 8 + 9 = 24$ 米，所以 $s = \frac{1}{2} \times 24 = 12$ 米。现在，我们用边长 7、8、9 分别替换公式中的 a、b、c，用半周长 12 替换其中的 s，得到：

$$\text{面积} = \sqrt{12(12-7)(12-8)(12-9)}$$
$$= \sqrt{12 \times 5 \times 4 \times 3}$$
$$= \sqrt{720}$$
$$= 26.833 \text{ 平方米}$$

顺便说一句，有些人认为阿基米得可能在海伦之前几年就知道这个公式了……但是我们认为阿基米得当时并没把它记录下来，或

许在他看来这个公式实在太显而易见了，所以根本没在意。

关于三角形的其他公式

下面是适用于所有三角形的一些零散公式。

★ 知道边长计算垂线的高度

$$h = b \times \sin C \quad \text{或者}$$
$$c \times \sin B$$

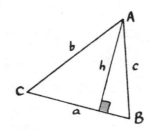

★ R（三角形外接圆的半径）$= \dfrac{a}{2\sin A}$

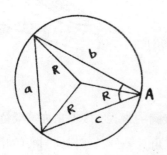

（换句话说，就是取任意一条边除以 2，再除以此边相对的角度的 sin 值。）

★ r（三角形内接圆的半径）$= \dfrac{\text{三角形面积}}{s}$

最后一个公式简直太奇妙了，连一旁的奶牛都被感染了。想一想：如果你已知一个任意三角形的面积，然后除以它的半周长，就能得到这个三角形内切圆的半径。这是为什么呢？我们不知道，也不想知道。在我们看来，它其实就是宇宙间的奇迹之一，和彩虹、信鸽、烤肉串、土星的光环和闲逛的奶牛一样。所以，我们不问问题，只是感谢它们的存在。

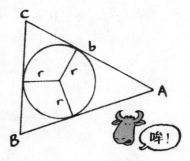

哞！

如何证明这个美妙的公式确实在起作用

你需要准备 1 张方格纸、1 把剪刀、1 把尺子和 1 个能画出圆的圆规。

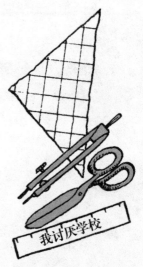

我讨厌学校

- ▶ 从这张方格纸上剪出一个三角形。

- ▶ 测出 3 条边的长度，将它们相加后除以 2 得到三角形的半周长。

- ▶ 尽可能认真地把纸上所有方格子都加起来，计算出三角形的面积。（例如：若方格子的尺寸是 1 厘米 ×1 厘米，而且你一共数出了 134.5 个方格子，那么三角形的面积就是 134.5 平方厘米。）

- ▶ 用面积除以半周长，得到三角形内接圆的半径。

现在你已经用公式计算出了内接圆的半径，接下来你需要证明它是正确的！首先，把三角形的所有角二等分，来找到圆心的精确位置。这里有一种有趣的方法能做到。

- ▶ 拿起三角形的一个角，然后将它精确地对折，这样三角形的两条边就会相互重合。在纸上沿着对折线做一条折痕，然后把纸打开。

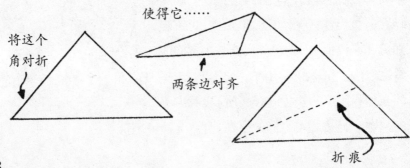

将这个角对折

使得它……

两条边对齐

折痕

▶ 把另一个角按照相同的方法折起来，然后打开。

▶ 现在要用一点儿小魔法……如果你再把第三个角按相同的方法折叠，会发现所有 3 条折痕穿过了同一点！这对任意形状的三角形都适用。

▶ 把你的圆规设置成你用公式计算出的半径大小，圆心置于折痕相交的点。当你画圆时，它应该刚好接触到所有的 3 条边。这就是这个三角形的内接圆。

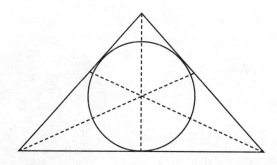

平行四边形公式

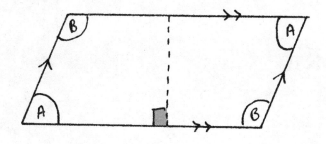

平行四边形看起来就像长方形被推了一下。两条相对边的长度相等，两个相对角的角度也相等。计算平行四边形面积常用的公式是：

★平行四边形面积=底 × 高（底的垂线）

和三角形一样，如果你不知道平行四边形的高，就需要另外一个更巧妙的公式计算它的面积！要使用这个公式，你需要知道平行四边形长边和短边的长度以及其中任意角的度数。

★平行四边形面积=短边×长边×sin（任意角的度数）

在一个普通平行四边形中，总有一对对角的度数大于另一对对角的度数，无论你使用大的角度还是小的角度都没关系，上面的公式都能用！这是因为在平行四边形中，一个大角的度数和一个小角的度数相加都等于180°，下面就是这个奇怪的、简洁的公式：

★sin$Z$=sin(180°−Z)

很遗憾，在平行四边形公式中用不上半周长，那些奶牛们也禁止在这儿闲逛。

菱形公式

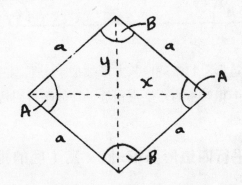

菱形看上去就好像一个正方形被推了一下，变成了斜方形。它们的 4 条边的长度都相等（我们称它们为 a），因此得出了下面两个简洁的计算面积的公式。你可以通过平行四边形的面积公式推导得到：

★ 菱形面积=a^2 × sin (任意角的度数)

如果你碰巧知道菱形对角线 x 和 y 的长度，那么就得到：

★ 菱形面积=$\frac{1}{2}$ × x × y

这么简洁的结果真令人愉快。不过，这里也不需要半周长，这对奶牛来说可是个坏消息。

不规则四边形的公式

如你所知，四边形是由 4 条直线围成的任意图形，其中正方形、长方形、平行四边形和菱形都是简洁而完美的四边形。可如果你面对的是一个形状不规则、4 条边长短不等、4 个角度数各异的四边形，你该怎么办呢？

印度的天文学家、数学家婆罗摩笈多，生活在公元 598—665 年，是寻找不规则图形公式的先驱者之一。他决定研究圆内接四边形的问题，即在一个圆内找出一个四边形，让它的 4 个顶点均在这个圆的圆周上。

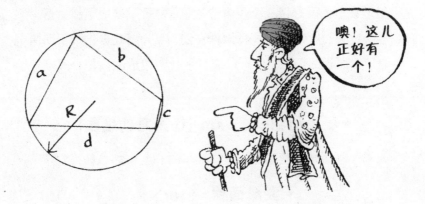

噢！这儿正好有一个！

圆内接四边形的形状可以"要多不规则就有多不规则"。不过，这些四边形有一个很乖巧的地方，那就是它们的对角的度数和都等于 180°。不仅如此，婆罗摩笈多还想出了下面这个公式：

★ **圆内接四边形的面积=**

$$\sqrt{(s-a)(s-b)(s-c)(s-d)}$$

其中，$s = \dfrac{1}{2}(a+b+c+d)$

耶！我们看到了另外一只奶牛，这意味着半周长又出现了。这次是为了一个四边形。四边形的所有角都要接触到这个圆，所以下面有这个外接圆的半径公式。你觉得怎么样？

$$\bigstar R = \frac{1}{4} \times \sqrt{\frac{(ab+cd)(ac+bd)(ad+bc)}{(s-a)(s-b)(s-c)(s-d)}}$$

嗡嗡……   臭气熏天

我的天哪！奶牛想的原来不是半周长的事啊！

令人遗憾的是，大多数四边形并不会使它们所有的角都在同一个圆上，这样一来，事情就变得有些棘手了。在婆罗摩笈多提出他的公式之后大约 1200 年，一位名叫施奈德的德国数学家对他的公式进行了升级，这个新公式能计算出任意四边形的面积：

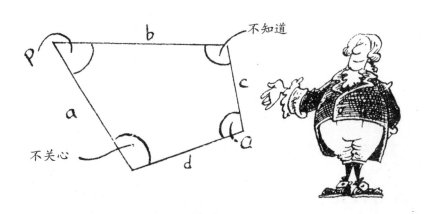

★四边形面积＝

$$\sqrt{(s-a)(s-b)(s-c)(s-d)-abcd\times\cos^2(\frac{P+Q}{2})}$$

一个不用"s"的更简单的版本：

★四边形面积＝

$$\frac{(ab\times\sin P+cd\times\sin Q)}{2}$$

是不是超级棒？

要用它，你需要知道所有 4 条边的长度，以及四边形中两个对角的度数（即公式中的 P 和 Q）。

要知道，当你看见诸如 $abcd\times\cos^2(\frac{P+Q}{2})$ 的表达式，它其实是 $abcd\times\left[\cos(\frac{P+Q}{2})\right]^2$ 的简写。换句话说，你要先算出 $\cos(\frac{P+Q}{2})$ 的结

果，然后平方，再将平方后的结果与 $abcd$ 相乘。

如果你已知一个四边形对角线的长度以及它们之间夹角 Z 的度数，那么就有一个更加简洁的公式能计算出它的面积：

★四边形面积=$\frac{1}{2}$×x×y×sin$Z$

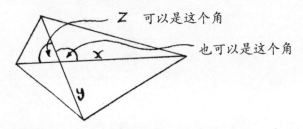

（不论 Z 是其中的大角，还是小角，都无关紧要的。）

梯形公式

梯形有四条边，而且其中两条边是平行的。（如果你是美国人，你会称它们为不规则四边形。）下面有一个相当简单的公式能求出梯形的面积。如果 a 和 c 是梯形中两条互相平行的边，那么：

★梯形面积=$h(\frac{a+c}{2})$

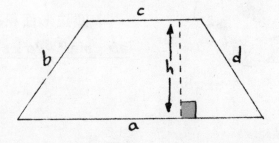

如果你能知道其中垂直的高（即两条平行线之间的距离），所有这些看起来就相当容易了，对吗？几年前，经典数学研究所曾收到过这样一条短信，询问如果只知道梯形 4 条边的长度，能否计算出它的面积。

135

这是一个真实的故事……嗯，差不多是真的。

自从我们把这个问题放到网站上之后，就收到了大量有趣的公式，通过这些公式我们得到了很多相当搞笑且完全错误的答案。最终，我们还是从中找出了两个我们认为可能有用同时相当不错的公式。于是，我们将它们交给专家组，只是还有一个问题……

这些公式让我们伤透了心，还好，另一个由新加坡的胡一杰发送给我们的公式给大家带来了莫大安慰。这个公式通过了核查、批准并得到了广泛的认可：

$$★梯形面积 = \frac{(a+c)}{4(a-c)} \times$$
$$\sqrt{(a+b-c+d)(a-b-c+d)(a+b-c-d)(-a+b+c+d)}$$

　　这个可比珍妮和卡尔的简单多了！要是你还在疑惑的话，那么我告诉你，这个公式要求四边形的 a 边和 c 边相互平行，且 a 边比 c 边长。你可以到 www.muderousmaths.co.uk 上了解这个公式的来源。还有一个好消息是，那里还涉及了与逃跑的奶牛相关的半周长。

自由了！

自由了！

奇怪的盒子

你已经看到，在我们处理平面图形的问题时，公式已经多么复杂，所以你应该能够想象得出，当我们开始为多面体找公式时，事情会变得多么奇怪。我们将尽力从最基础的部分入手，并始终抓住重点。让我们看一看下面这个经典的多面体欧拉公式，它适用于任意由直线构成的多面体：

★ 面数 + 顶点数=边数 + 2

（一个"面"是指一个平面，"顶点"是指拐角。）

如果你把这本书合上并假设它是一个实体的多面体，你会发现它有 6 个面、8 个顶点和 12 条边，上面的公式没错！事实上，这个公式对任意由直线构成的多面体都适用，不管这个多面体看上去多么复杂。要是不相信，你可以找一堆不同大小的盒子，然后非常认真地数一下它们所有的面、顶点和边。

立方体和长方体

立方体是最简单的多面体，因为它所有的面都是正方形且边长都是 a，所以我们得到：

★ 立方体体积=a^3

★ 总的表面积=$6a^2$

★ 边长的和=$12a$

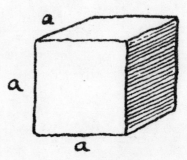

如果所有公式都能像这个一样简单，就太好了！可是如今，除了骰子，很少别的立方体，长方体倒是有上万亿个，它们的公式也不是很难。长方体的形状就像一个盒子，几乎所有的面都是长方形（个别长方体也有一些正方形的面），长、宽、高分别为 a、b 和 c。

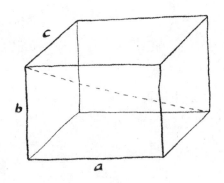

★ **长方体体积**=$a \times b \times c$

★ **总的表面积**=$2(ab + bc + ca)$

★ **边长的和**=$4(a + b + c)$

★ **最长的内部对角线的长度**=$\sqrt{a^2 + b^2 + c^2}$

为什么说最长的内部对角线很有用呢？主要有以下 3 个原因。

1. 可以计算出你能放进盒子里的、最长的木棒的长度。这对一位需要把魔法棒送去修理的魔法师来说，真的很方便。

2. 最长的内部对角线是能装下你的盒子的、最小的、圆球的直径。如果你很着急地要把一盒巧克力藏在足球里，那么这对你就很有帮助。

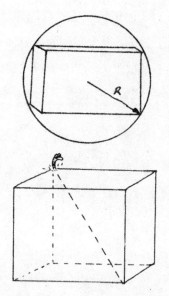

3. 假设你是一条蛀虫，正待在木块的一角，如果你突然需要从木块中间蛀出一条逃生通道，这个公式会告诉你离最远的那个角有多远。

可为什么我要逃生呢？

因为一只专吃木头蛀虫的蜗牛刚刚爬到你所在的那个角。

啊哦！

呃呃

缓行死神

正当蛀虫奋力向前蛀洞的时候，蜗牛决定快速绕到木块最远的一角，只要蛀虫探出头来，就立刻把它逮住。然而，对于蜗牛而言，它要到达木块相对的另一个角，需要在木块表面前行的最短距离是多少呢？

★ **长方体对角间最短的蜗牛路径=$\sqrt{a^2 + (b+c)^2}$**

其中，a 是最长的边。

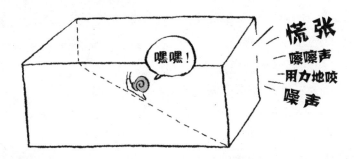

慌张
嚓嚓声
用力地咬
噪声

嘿嘿！

顺便提一句，从一个角到达与之相对的另一个角，蜗牛必须要爬过长方体的两个面。它有几种不同的路径可以选择，如果它想沿着最近的路爬，就要避免穿过那个最小的长方形面。

同时，如果木块是一个立方体，那它最长的内部对角线应该是 $\sqrt{3} \times a$，最短的蜗牛路径则是 $\sqrt{5} \times a$。

锥 体

你可以从任意基本的平面图形开始，将它构建成一个锥体。计算锥体体积的公式，看起来也令人愉快：

$$★ \text{锥体体积} = \frac{1}{3} \times \text{底面积} \times \text{高}$$

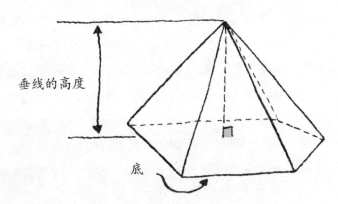

垂线的高度

底

无论锥体的底面是多么花哨的图形，你只要知道它的面积，以及从顶到底的垂线的高度，就能计算出它的体积了。

在埃及吉萨，有世界上最大的金字塔，它的底面是一个边长为229米的正方形，刚修建完工时的高度为146米。（从那时起，顶部约10米的部分被神秘地撞掉了。）

由于它的底面面积等于 229 × 229 平方米，所以这座金字塔曾经的体积应该是 $\frac{1}{3}$ × 229 × 229 × 146 ≈ 2552129 立方米。

如果你不知道锥体的高是多少，要想计算它的体积就变得有点儿困难了，要是它的底面各边长度不等，那就更难了。不过，如果你的锥体的底面是个三角形，你就得到了一个特殊类型的锥体——四面体。它只有6条边，而且4个面中的每一个面都是一个三角形。

我们已经看到，在只知道三角形3条边的长度，而不知道它的高的情况下，海伦是如何得出了一个计算三角形面积的公式的。这启发人们去思考，是否能在仅知道四面体6条边的长度而不知道高的前提下，得出四面体的体积。警告！给自己点儿勇气，后面的公式真的有点儿可怕。

皮耶罗·德拉·弗兰西斯加，早期文艺复兴时期的意大利画家，解决了四面体的这个问题。他于1492年离世，在此之前他创作了不少很精美的画像，许多杰出的宗教绘画，以及一些非常要命的数学公式……

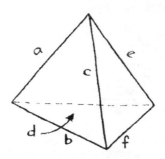

★不规则四面体体积=

$$\frac{1}{12}(-a^2b^2c^2 - a^2d^2e^2 - b^2d^2f^2 - c^2e^2f^2 + a^2c^2d^2 + b^2c^2d^2 + a^2b^2e^2 + b^2c^2e^2 + b^2d^2e^2 + c^2d^2e^2 + a^2b^2f^2 + a^2c^2f^2 + a^2d^2f^2 + c^2d^2f^2 + a^2e^2f^2 + b^2e^2f^2 - c^4d^2 - c^2d^4 - b^4e^2 - b^2e^4 - a^4f^2 - a^2f^4)^{\frac{1}{2}}$$

你会看到括号最后边有一个小小的 $\frac{1}{2}$。这意味着你计算出括号内的所有东西后，还要计算出"这些东西"的平方根。噢，当你做完所有事情后千万别忘了除以 12。

让我们回溯到早期文艺复兴时期的意大利，当时的画家们都得自己制作颜料。要是这么做让你感觉有点儿烦琐的话，请想象一下计算出所有那些带着平方的项，然后是巨型的平方根运算，而且没有计算器！

规则立体图形

规则立体图形一共有 5 种，特点是边长的长度都相等，在每个角相交的边的数目相同。如果你知道某一规则立体图形的种类和它的边长 a，就能计算出它的体积和总的表面积。

规则立体图形	体 积	总的表面积
★立方体	a^3	$6a^2$

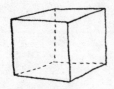

★四面体	$\dfrac{\sqrt{2}}{12} \times a^3$	$\sqrt{3} \times a^2$

★八面体	$\dfrac{\sqrt{2}}{3} \times a^3$	$2 \times \sqrt{3} \times a^2$

★十二面体	$\dfrac{15 + 7\sqrt{5}}{4} \times a^3$	$3 \times \sqrt{25 + 10\sqrt{5}} \times a^2$

★二十面体	$\dfrac{5(3 + \sqrt{5})}{12} \times a^3$	$5 \times \sqrt{3} \times a^2$

π 公式

如果你得到一个任意圆，测量周长后用它除以圆的直径，总会得到几乎相同的答案，即 3.14159265358979323846264338327995……而且它会永远这样下去。因为把它写出来显得有点儿傻气，人们便使用了一个奇怪的符号 π，叫做"pài"。

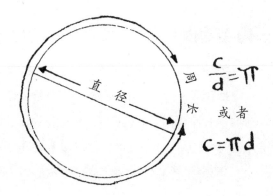

你会看到，π 立即引出了同一个小公式的两种表达形式，它是数学中最重要的部分之一。

$$\bigstar \ \pi = \frac{周长}{直径} \ \text{或者}$$

$$周长 = \pi \times 直径$$

如今，许多计算器上都有一个特殊的 π 按钮。当你按下它时，屏幕上就会尽可能多地显示出 π 的值，所以如果你的计算器能显示 10 位数字，你就会得到 3.141592654。但是假如你没有一个带有 π 按钮的计算器又该怎么办呢？不得不在脑子里记下 3.141592654 这个数吗？

答案是"没记住"。

你需要π有多精确

如果你能记住 π=3.1416，那么你的答案已经精确到了 π 值的 99.99976%。假设地球是一个完美的圆球，直径是 12750 千米。如果你使用 π=3.1416 来计算周长，就少了 95 米。为了让你对这个相当精确的结果有一个概念，假想一下，你沿着赤道走了一整圈，当你重回起点时，发现自己不得不走额外的 95 米！这看起来并不是很长，是吗？

π=3.14 的精确度为 99.95%，而那些不习惯使用计算器的老年人，经常喜欢把 π 记作分数 $\frac{22}{7}$，它的精确度为 99.96%。这两个 π 值都能让你做得很好，除非你在执行太空任务。

生成π的公式

即使 π 值中的大量数字几乎都没用，但是数百年前的人们却意志坚定地、竭尽全力地要把结果计算得更精确。没有测量和除法，他们提出了最令人惊叹的公式，其中的数字都符合特殊的模式。这些公式的绝大部分会永远地持续着——末位的数字变得越来越小，所以为了使你的 π 值更精确，你需要在末尾插入更多极小的数字。

$$\frac{\pi}{2} = \frac{2}{1} \times \frac{2}{3} \times \frac{4}{3} \times \frac{4}{5} \times \frac{6}{5} \times \frac{6}{7} \times \frac{8}{7} \times \frac{8}{9} \cdots\cdots$$

约翰·沃利斯（英国，1655）

$$\frac{\pi}{6} = \frac{1}{2} + \frac{1}{2}\left(\frac{1}{3 \times 2^3}\right) + \frac{1 \times 3}{2 \times 4}\left(\frac{1}{5 \times 2^5}\right) + \frac{1 \times 3 \times 5}{2 \times 4 \times 6}\left(\frac{1}{7 \times 2^7}\right) + \cdots\cdots$$

艾萨克·牛顿的公式之一（英国，1665）

$$\frac{\pi}{4} = 1 - \frac{1}{3} + \frac{1}{5} - \frac{1}{7} + \frac{1}{9} - \frac{1}{11} \cdots\cdots$$

詹姆士·格雷戈里（苏格兰，1671）

$$\frac{\pi^2}{6} = \frac{1}{1^2} + \frac{1}{2^2} + \frac{1}{3^2} + \frac{1}{4^2} \cdots\cdots$$

在这些大量关于 π 的公式中，只有一个是由瑞士的莱昂哈德·欧拉在 18 世纪发明的。

下次当你在计算器上按 π 键时，不妨想一想所有的那些曾经苦苦奋斗、帮你找到答案的人们！

关于圆的小测试

在我们潜入所有的 π 公式之前，你需要通过一个测试。围着一个圆的边绕一圈的距离叫做它的周长，除此之外，你还需要知道关于圆的所有其他的名词。看一下这个清单，看看你能否在图中为它们找到适合的位置。

（a）直径	（f）弦
（b）弓形	（g）圆心
（c）中心角	（h）半径
（d）扇形	（i）切线
（e）弧	

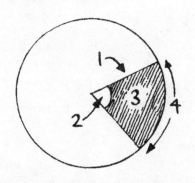

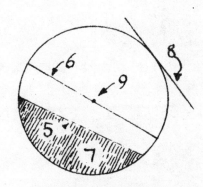

答案

1h, 2c, 3d, 4e, 5f, 6a, 7b, 8i, 9（相当明显）g。

如果你的 9 个答案都对了，那么就给自己一个热烈的拥抱吧！

如果你只答对了 7 个答案，那你就要仔细读读这本书了……

胡说！一本书怎么能有这么大作用呢？

你把扇形和弓形搞反了，对不对？

啊？

是的！

关于π的公式

下面是我们将会在公式中用到的字母：

r= 半径

d= 直径

c= 周长

Q= 中心角（以度为单位）

接下来，我们继续，从一个漂亮简单的公式开始……

$$\bigstar d=2r$$

啊，多可爱啊！然而，我们最好带上那两个我们知道的公式……

$$\bigstar c=\pi d \ \text{或者} \ 2\pi r$$

$$\bigstar 圆的面积=\pi r^2 \ \text{或者} \ \frac{\pi d^2}{4}$$

假设你是一名伐木工人，而且不想被π所困扰，你完全可以找一把卷尺，然后直接测量出圆形木桩的面积。测量的时候，要穿过树桩的中心找出直径，然后沿着它的外围测量出周长。接着，把它们相乘，再除以4，就完成了。

$$\bigstar 伐木工人的圆形面积公式=\frac{cd}{4}$$

如果你刚好用一把很脏的巨型钢锯，锯倒了一棵巨大的树，你想知道暴露出来的树桩的面积。这种情况下，使用这个公式就非常方便了。奇怪的是，没有人清楚为什么一名伐木工人要知道这些，尽管曾经有几个人试图问过。

下面是关于圆的其他几个公式：

$$\bigstar 弧长 = \frac{Q}{360°} \times c \;\; 或者 \;\; \frac{Q}{180°} \times \pi r$$

$$\bigstar 弦长 y = 2r \times \sin\left(\frac{Q}{2}\right) \;\; 或者 \;\; 2\sqrt{r^2 - h^2}$$

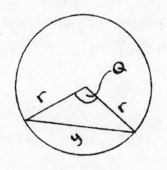

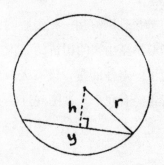

现在到了有趣的部分了。我们将要算出一个扇形的面积以及一个弓形的面积。其中一个计算起来相当简单，另一个却相当要命！你认为哪一个计算会更简单呢？猜一猜……

计算扇形的面积更简单。我们所要做的，就是计算出整个圆的面积，然后使用中心角 Q 来看我们需要其中的多少。我们可以通过给波基切一块蛋糕，来证明这一点。

下面就是计算波基那块蛋糕面积的公式了：

★ **扇形面积** $= \dfrac{Q}{360} \times \pi r^2$

计算弓形的面积就困难多了。其公式的推导过程是，先算出该弓形内接的那个扇形的面积，然后减去我们不需要的三角形的面积。

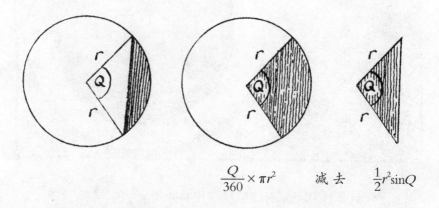

$$\frac{Q}{360} \times \pi r^2 \qquad 减去 \qquad \frac{1}{2}r^2 \sin Q$$

我们刚看到了扇形面积公式，如果我们翻到第 123 页找出适用的三角形面积公式，会发现它的面积为 $\frac{1}{2}r^2\sin Q$。所以，结果就是：

$$\bigstar\ 弓形面积 = \frac{r^2}{2}(\frac{Q}{180}\pi - \sin Q)$$

月牙形

　　自然中出现的月牙形有两种情况，而且，这两种月牙形都出现在天空中。其中，明显的那一个是月亮形状的变化，另一个则是日食或月食的时候你所看到的。尽管它们都被称为月牙形，但却有着不同的形状和"相当"不同的计算面积公式。一个很简单，另一个却……好吧，你很快就知道了。

月球的月牙形

　　你们可能已经知道，月球本身并不能发光。我们能看到它，是因为它被太阳照亮了，而我们能看到的月球的形状则取决于太阳的位置。它的形状始于虚无（一轮新月），然后变成漂亮的月牙的形状，然后是半圆，再然后是一个不规则的椭圆形，最后，它变成了完整的圆形（一轮满月）。然后，它逆转再次成为一轮新月。从一个新月到另一个新月大概要花 29.5 天的时间。

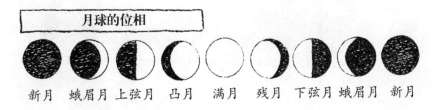

月球的位相

新月　蛾眉月　上弦月　凸月　满月　残月　下弦月　蛾眉月　新月

这是它在一根"狼人肠"上的作用

有趣的月亮真相

月牙的"两个角"总是背向太阳的方向，所以如果你在一幅画上看到，夜间的月牙的"两个角"指向下方，那就画错了。（这是因为，在夜间，太阳一直位于地平线以下。）

如果你在月牙的两个点之间画一条直线，它一定会穿过月亮的中心，这对于任何一个月牙都适用。（看图中的虚线。）现在，假设有另一条垂直的线把月牙分成两半。

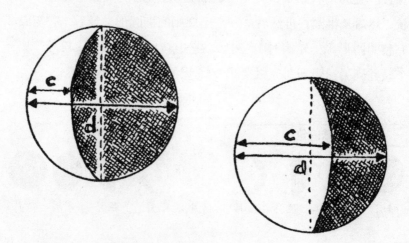

如果 d 是满月的直径，c 是月牙的最大宽度，月牙的面积就等于 $\frac{c}{d}$ × 圆形的面积。同时，圆形的面积是 $\frac{\pi d^2}{4}$，所以如果我们把这些乘起来会得到：

★ **月球的月牙形面积** $= \frac{1}{4}\pi cd$

这是简单的那一个，现在要准备好解决麻烦的那一个了。

食变的月牙形

在两种不同的情况下，我们能看到食变的月牙形。

▶ 日食。白天，当月亮运行到地球和太阳之间的时候发生。当月亮经过太阳时，它挡住了一部分太阳光，从而产生了一个月牙的形状。

▶ 月食。晚上，当地球运行到月亮和太阳中间的时候发生。首先，你会看到一轮满月；接着，一个黑色的圆会经过它。这个圆就是地球的影子。

在这两个实例中，月牙形都是由一个圆遮挡了另一个圆的一部分而形成的。你也可以制作属于自己的月牙形。用纸剪两个圆，一个黑色，一个白色，大小可以不一样。然后，用黑色的圆部分遮盖白色的圆，你就能得到一个白色的月牙形。

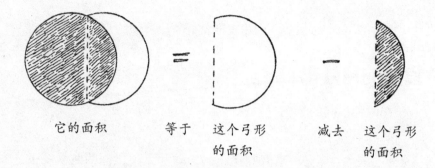

它的面积　　等于　　这个弓形　　减去　　这个弓形
　　　　　　　　　　的面积　　　　　　的面积

上面的图说明，我们可以通过计算出白色圆的弓形面积，然后减去黑色圆的弓形面积，从而计算出月牙形的面积。这里的麻烦在于，我们曾在第 152 页看到，弓形面积公式需要一个中间的角度，而此时我们只得到 3 个测量值。

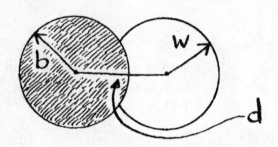

b= 黑色圆的半径

w= 白色圆的半径

d= 两个圆的圆心距离

所以，即使最终的公式只是用一个弓形的面积减去另一个弓形，但由于我们不知道任何角度，所以它还是有一点儿复杂……

★月牙形面积=

$$w^2\left\{\pi - \frac{2\pi\left[\cos^{-1}\left(\frac{w^2+d^2-b^2}{2wd}\right)\right]}{360} + \frac{\sin 2\left[\cos^{-1}\left(\frac{w^2+d^2-b^2}{2wd}\right)\right]}{2}\right\}$$

$$-b^2\left\{\frac{2\pi\left[\cos^{-1}\left(\frac{b^2+d^2-w^2}{2bd}\right)\right]}{360} - \frac{\sin 2\left[\cos^{-1}\left(\frac{b^2+d^2-w^2}{2bd}\right)\right]}{2}\right\}$$

哇哦！这本书居然收录了如此要命的数学公式，没几本书会这么做。所以，你难道不为能够读到这样一本书而感到格外骄傲吗？

奢侈的餐桌

大多数餐桌都是矩形的，但是奢侈的餐桌却有 4 个圆角。

所以，要想让你那张普通的旧餐桌看起来奢侈些，你只需要将 4 个角锯成圆形。如果你的桌子最大的长度和宽度是 l 和 w，转角的半径是 r，则：

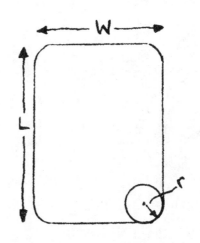

★**圆角矩形的面积** $= lw - r^2(4 - \pi)$

计算完美的煎蛋白色部分面积的公式

完美的煎蛋一定要是完美的圆形，而且黄色的圆形蛋黄也要恰好在中间。为了庆祝这个美极了的形状，数学家们甚至给了它一个特殊的名字：环形。

这个名字适用于任何一个大圆套着一个小圆，两者的圆心在相同位置的物体。例如，它还是一个甜甜圈投射的影子的形状。或者，当你把一个特别烫的盘子放在一张擦得锃亮的木质桌子上后，能得到一个模糊的白色的环形。不过这样做，会让你陷入很多麻烦之中，所以还是别尝试了。

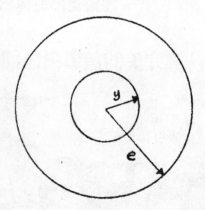

煎蛋白色部分的面积，等于整个大圆的面积减去中间小圆的面积，所以如果整个煎蛋的半径是e，而蛋黄的半径是y，那么我们得到这个：

★显而易见的一个鸡蛋白色部分的面积=

$$\pi(e^2 - y^2)$$

如果你看到一个完美的煎蛋，并想要计算出白色部分的面积（让我们面对现实吧，谁都有可能碰到这样的情况），你需要计算出煎蛋圆心的准确位置。然后，你需要通过两次测量得到蛋黄的半径和整个煎蛋的半径。这些干起来还真有点儿困难，不过感谢上帝，我们可以使用一个令人激动的公式来完成这一切！

关于环形，最神奇的事情是，你只需要一个测量值就能得到白色部分的面积——而且你不需要知道两个圆环的中心在哪儿！你只需要像右边图中那样，量出一段直线的长度……

你的直线应该从煎蛋的一边到另一边，并且刚好触到蛋黄的边缘。如果这条线的长度为 w，那么：

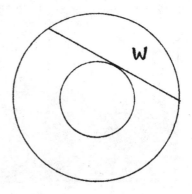

★令人激动的一个煎蛋白色部分的面积$= \pi \left(\dfrac{w}{2}\right)^2$

这个公式的推导过程真的很有意思。（如果你喜欢做类似的事情。）看这张关系图：

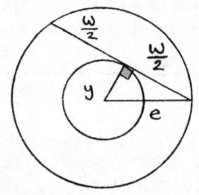

直线 w 是小圆的切线，所以它和 y 相交成 $90°$。于是，我们得到了这样一个直角三角形：它的长边测量为 e，两条短边分别为 y 和 w 的一半即 $\dfrac{w}{2}$。年迈的毕达哥拉斯曾经说过，在一个直角三角形中，斜边的平方等于另外两条边的平方之和。在这个例子中，我们得到 $e^2 = y^2 + \left(\dfrac{w}{2}\right)^2$。如果移动一下顺序会得到 $e^2 - y^2 = \left(\dfrac{w}{2}\right)^2$。

现在如果你回顾一下前面的公式，就能得到环形的面积 $= \pi\left(e^2 - y^2\right)$。接着，我们把 $\left(e^2 - y^2\right)$ 替换成 $\left(\dfrac{w}{2}\right)^2$，那我们就得到了这个令人激动的公式了。

与 π 有关的多面体

在与圆形相关的多面体形状中，像锡铁罐头一样的圆柱体是最容易对付的。你只需要知道它底部的半径 r 以及高度 h，就能得出它的体积。

★ 圆柱体体积 = $\pi r^2 h$

如果你需要计算一个圆柱体的表面积，只要记住它是由一个管状体外加两个底面组成的就行。如果你只想知道其中管状体部分的面积，你会发现管状体展开变成了一个长方形，这个长方形的一条边长其实和底部的圆的周长一样长。

★圆柱体管状部分的
表面积=2π*rh*

★圆柱体包括底面部分的
表面积=2π*r*(*h* + *r*)

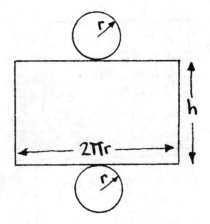

　　几千年前，人们就已经知道这些关于圆柱体的公式了，把他们难住的是如何计算球体的体积。虽然人们最终得到了那个简单且令人满意的公式，但是一位天才却为之付出了一生的时间。现在，让我们回到公元前212年的西西里岛，去找出整件事情的来龙去脉。

　　当时，罗马人正在袭击西西里岛东南端的叙拉古城，这个地方恰巧是一位名为阿基米得的老先生的家乡，当年他已经75岁高龄了……

他是世界上最伟大的天才！他发明的阿基米得式螺旋抽水机可用来抽水，杠杆和滑轮能提起巨大的物体。此外，他在《数沙术》一书中创造了一套记大数的方法，简化了记数的方式。不仅如此，他还发明了巨大的抛射器……在2000多年以后，他的成就甚至能为自己在《测来测去——长度、面积和体积》一书中得到整整15页的篇幅，就因为他发现了阿基米得定理！

人们还说，他发明了一个光线枪，能把太阳光聚集起来点着敌人的轮船！

吸气声

呜呜声

抽噎声

哎哟……

阿基米得，请告诉我们，在所有你伟大的发明中，哪一个是你最喜欢的？

是……

是……

是……

绘图

这个故事是真的。在阿基米得所有令人惊叹的发明中，最让他感到骄傲的成就就刻在他的墓碑上：

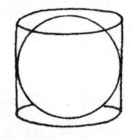

$$★ 球体的体积 = \frac{4}{3}\pi r^3$$

阿基米得通过它告诉我们，把一个球体放入能容纳它的最小的圆柱体里面，它会精确地占据圆柱体$\frac{2}{3}$的空间。要算出圆柱体的体积并不难，因为它的高和球体的直径是一样的，即$2r$。所以，圆柱体的体积等于$2\pi r^3$，球体的体积就等于$\frac{2}{3} \times 2\pi r^3 = \frac{4}{3}\pi r^3$。

球　体

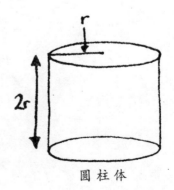

圆柱体

165

这儿还有一个更简洁的公式：

★球体的表面积=$4\pi r^2$

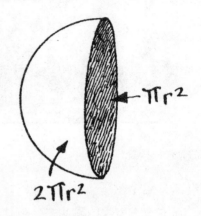

接下来，让我们看看其中巧妙的地方。假设你将一个球体一切两半，那这半个球体的表面积是多少呢？我们知道，这部分弧形的面积是球体面积的一半，即 $\frac{1}{2} \times 4\pi r^2 = 2\pi r^2$，而中间切面的面积是 πr^2。因此，如果你把它们加起来会得到：

★半球体的表面积（包括切面部分）=$3\pi r^2$

毫无疑问，你想亲自求证一下，于是你抓起又脏又旧的链锯，把一个完美球形的橘子切了一半，然后进行测量。顺便说一句，如果你没能正好从橘子的中间切过去，那你得到的只是这个球体的球缺。

哎呀！

别担心，我们可不会丢下你不管的。假设你将球缺底部的半径称为 x，我们也为它找到了公式……

★**球缺的体积** $=\dfrac{1}{6}\pi h(3x^2 + h^2)$

★**球缺的表面积（不包括截面的面积）** $=2\pi rh$

完美冰淇淋

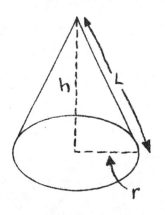

一个冰淇淋的锥形筒就是一个正圆锥体。也就是说，它的顶点正好位于底部圆心的正上方，而且和别的棱锥体一样，其体积等于 $\dfrac{1}{3}$ × 底面积 × 高。

★**正圆锥体的体积** $=\dfrac{1}{3}\pi r^2 h$

计算正圆锥体倾斜面的面积公式就更令人满意了。正圆锥体中存在一些角，所以你可能认为，那些令人痛苦的 sin 或 tan 会乘虚而入。但是不！如果正圆锥体从顶点到底部边缘的长度是 l，那么……

★**正圆锥体倾斜面的面积** $=\pi rl$

现在把你的正圆锥体倒过来，在上面放一个完美的半球冰淇淋。它们的总体积会是……

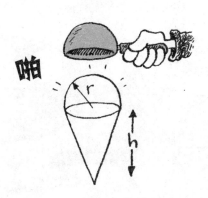

★冰淇淋及正圆锥体的体积$=\frac{1}{3}\pi r^2(h+2r)$

现在，往冰淇淋中塞两块威化饼和一片薄巧克力，再撒上些坚果，并浇点儿草莓汁。做好了吗？很好。顺便说一句，如果你还想计算它们的体积，那你需要寻求其他的帮助了。

完美的甜甜圈

如果你有一个完美的甜甜圈，它的形状就像是一根被弯曲且末端连接的环形管子。这种形状叫做圆环体，它能用各种不同的方式让数学家们兴奋不已。（当然，它让数学家们兴奋的最主要的方式，就是使自己看起来像一个甜甜圈。）

有两个公式能计算出圆环体的体积。我们给瑞弗先生送去了两个热乎乎的、涂满糖的甜甜圈，以便他将它们画下来，并在上面标明字母r、R、a和b所代表的含义。

味道不错！
谢谢！

现在，我们又给瑞弗先生送去了两个浸了水的、涂满胡椒粉的甜甜圈，让我们看看接下来会发生什么。

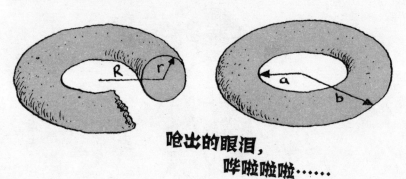

呛出的眼泪，
哗啦啦啦……

★ **圆环体的体积** $= 2\pi^2 Rr^2$ 或者 $\dfrac{\pi^2}{4}(b+a)(b-a)^2$

哇!你看到了吗?担心你忽略了它,我们得提醒你,刚才有个非常罕见的东西落在了页面上。我们说的可不是年迈且平淡无奇的 π,它实在太常见了。如果你仔细看,就会发现我们得到了非常稀有的、很少发现的、伟大的 π^2。真正有献身精神的《经典数学》的粉丝,总是花好多年的时间将自己乔装成灌木丛,然后举着望远镜盯着远处的数字与公式,仅仅是希望发现一个 π^2,然而刚才你竟然在偶然间一连发现了两个!

如果你正往你的甜甜圈上刷糖浆的话,那你就需要知道它的表面积。这就是你需要的……

★ **圆环体的表面积** $= 4\pi^2 Rr$ 或者 $\pi^2(b^2 - a^2)$

瞧瞧,你是多幸运啊!又来了两个内含 π^2 的公式!每个人都记得自己第一次见到 π^2 时的情景,所以别忘了告诉你的玄孙,你曾经在读一本名叫《超级公式》的书时,同时看到了 4 个。他们一定

会非常非常非常嫉妒你的。

现在，我们得轻轻地踮着脚尖离开了，别惊动它们，我们可不想把它们吓跑了……

最后！完美香肠的悲惨故事

或许，你还记得在本书的最开始，我们为了使计算香肠更简单而发明了完美的香肠，可万万没想到，竟然有人会以此为借口闹事。事情的起因是这样的，一位"多管闲事部"的工作人员，从我们这里偷走了这个想法，并且把它放进了这份公文中。

17：a：8f：每根树枝上最多只能有29片树叶

17：b 香肠：完美的强制形状

17：b：1：香肠的主体必须是一个完美的圆柱体的形状

17：b：2a：香肠的一个末端必须是一个精确的半球体

17：b：2b：香肠的另一个末端必须也是一个精确的半球体

17：c 牙膏：允许的气味

17：c：1：奶酪和洋葱味

17：c：2：大蒜蘑菇味

17：c：3：猪油味

事实上，我们从来也没想过要让它变得如此官方，我们想要做的只是把下面这些公式呈现给世界：

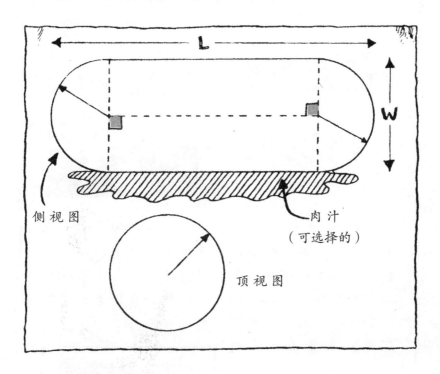

侧视图

肉汁
（可选择的）

顶视图

如果香肠的总长度 $=l$，同时宽度 $=w$，那么：

$$★ 完美香肠的体积 = \frac{\pi w^2}{4}\left(l - \frac{w}{3}\right)$$

$$★ 完美香肠的表面积 = \pi w l$$

此时，所有这些看起来都绝对无害，可一旦官方公文引起快鹿市议员们的关注，一切很快就会失控。

快鹿公报

完美香肠新规定

我们所爱戴的市政委员会强调，所有的香肠都必须遵守由"某人"制定的完美的国际标准。这个人原本默默无闻，而且由于在办公室没事儿做，已经离开了很长时间。"这是很重要的！"市长说，"我们会立即派出我们的检查员。"

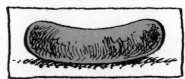

更多内容，敬请关注：电视指南、名人烹饪技巧、医院倒塌事件、污水溢出、犯罪大增、有毒化学物质泄漏、学校停课、交通混乱、有奖猜字游戏。

让我们感到恐惧的是，完美香肠已经带给快鹿市的议员们一个新任务而且他们要紧急执行。他们到各处检查是否有香肠违背规定，对于更加严重的医院倒塌事件和公路崩塌问题却毫不关心。

在这个悲惨的故事中，没有赢家，只有输家。每个人刚出场时都显得成熟而且可能还有点儿睿智，但是所有人的结局都不好。或许是因为法网恢恢，麻烦的最主要制造者，他的结局是所有输家中最惨的。

快鹿公报

香肠危机结束

最终，肉店老板做了一批新的香肠。我们问他："是否想过市长可能会宣布这些香肠不合法？""他从未这么说过。"屠夫说，"事实上，他是极其想帮助我们的，而且最终他确实把心都奉献给了香肠业。"

市长失踪之谜

我们心爱的市长还是没有消息，自从新的香肠规定执行以来，就没人见过他。"他总是被人邀请，"市长夫人说，"所以可能有人正在和他共进晚餐呢。"

椭圆的秘密

椭圆形就像是一个被压扁的圆，它可是一个相当神秘的图形。要计算一个椭圆形的面积很简单，你只要找出能容纳它的最小的矩形，用 $\frac{\pi}{4}$ 乘矩形的面积就行了。图中，A 是椭圆形的长轴（或者宽度），B 是椭圆形的短轴（或者高度）。

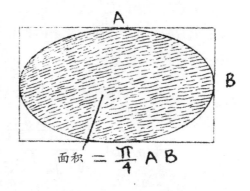

面积 $= \frac{\pi}{4} AB$

$$★椭圆形的面积 = \frac{\pi}{4}AB$$

然而，更常见的做法是，测量出从椭圆形的中心到边缘的 a 和 b 的值。

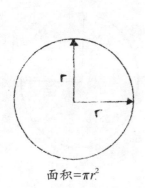

面积$=\pi r^2$

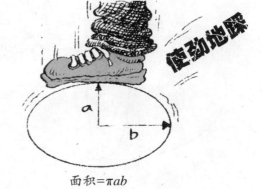

面积$=\pi ab$

假设你有一个圆形，在上面标记两条互相垂直的半径。如果它们的长度都是 r，那么这个圆的面积就是 πr^2。现在，你将这个圆形压扁变成一个椭圆形，刚才那两条半径的长度都会发生改变。其中，一条短的半径为 a，一条长的半径为 b。现在，如果你把圆形公式里面的 r^2 换成 a 和 b，就会得到：

★椭圆形的面积=π*ab*

让人感觉神奇的是，迄今为止还没有人能提出一个适当的计算椭圆形周长的公式！不过，要是你非常迫切地想知道，这里有一个很接近的……

★椭圆形的周长近似值=

$$\pi (a + b)\left\{\frac{1 + \frac{3(a-b)^2}{(a+b)^2}}{\left[10 + \sqrt{4 - \frac{3(a-b)^2}{(a+b)^2}}\right]}\right\}$$

汉堡和橄榄球

如果说，一个椭圆形像是一个被压扁的圆形，那么一个椭球体就像是一个被压扁（或拉伸）的球体。椭球体的体积公式和球体的体积公式类似，但是其中的 r^3 被替换成了 *abc*。

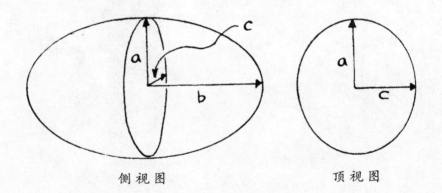

侧视图　　　　　　　　顶视图

★椭球体的体积=$\frac{4}{3}\pi abc$

椭球体中有两种特殊的形状。如果你把一个圆圆的气球压扁，你将得到一个有点儿类似汉堡形状的东西。从顶部看它，就像一个圆；从侧面看它，则像一个椭圆，这就是扁平的椭球体。但是如果

你从两侧抓住气球并且拉伸它，你将得到一个更像橄榄球形状的东西，即扁长的椭球体。

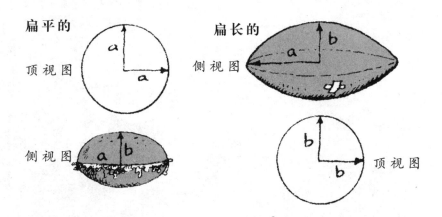

如果你把较大的测量值称为 a，把较小的称为 b，那么：

★ **扁平椭球体的体积**＝$\dfrac{4}{3}\pi a^2 b$

★ **扁长椭球体的体积**＝$\dfrac{4}{3}\pi ab^2$

地球就是一个扁平的椭球体，原因在于，赤道的直径大约为 12756 千米，而从北极到南极的距离却为 12714 千米。由于这个形状已经很接近球形了，所以它也可以被叫做一个扁平的球体。

要想算出一个汉堡或是橄榄球，又或是其他任何怪异的椭球体的体积，最简单的办法就是把它放入一个能容纳它的最小的长方体盒子。椭球体的体积等于这个盒子的体积 $\times \dfrac{\pi}{6}$。

警告：别把你的椭球体弄得一团糟！

纸牌房子**和其他**奇怪的**公式**

纸牌房子

这是最后机会酒吧本月最忙的一个晚上。步履疲惫的牛仔们靠在吧台上，形形色色的女孩们围在钢琴周围，店主和商人们也聚集到桌子四周，年老的猎狗则躺在壁炉前面——他们中每一个人都屏住呼吸，不敢作任何微小的移动。甚至，酒保的手都保持着一个动作——拿着毛巾，擦着他已经擦过的杯子。像其他人一样，他正在看李尔非常谨慎地把最后两张扑克牌摆放到纸牌房子的顶端，这个纸牌房子是她在绿色粗呢桌布上搭建起来的。

非常轻巧地，她松开了最后一张纸牌，缓慢地向后退了一步。

"哇哦！"人群轻轻地私语。

这时，酒吧的门突然打开，一个穿着黑色长大衣的男子大步走来，跺着脚跨进了酒吧。

"噢！"人们小声地抱怨道。

"什么事？"布雷特问道，但是太晚了。他那沉重的脚步踏在陈旧且摇摇晃晃的地板上，已经把桌子晃动起来使整个纸牌房子呼啦崩塌了。

"没什么事儿，"李尔说，"至少，现在还没事儿。你刚才把它全部弄倒了。"

布雷特环顾了一下酒吧，看到很多人都失望地盯着他。人群中，只有一个穿着整洁西装而且面孔陌生的年轻人在微笑。

"我们刚才打了个赌，我赌这位女士不可能用这里所有的扑克牌建一个纸牌房子。"这个陌生人说。

"他马上就要为此付出代价了。"李尔说，"但是现在，因为你，我不得不付给他 50 美元了。"

李尔把手伸进她的天鹅绒袋子，根本用不着低头看，她熟练的手指摸索了一下就精确地拿出了 50 美元，然后递给那个年轻人。

布雷特咧嘴笑着要和年轻人握手，说："你居然赌赢了李尔，我非常高兴见到你，外地人。我的名字是布雷特。"

"多克·瓦特，"年轻人介绍他自己说，"但是我得说，既然是你把所有的牌弄倒的，让她拿钱就不公平了。"

整个屋子顿时充满了表示同意的声音，这使得布雷特很难为情。形形色色的女孩们不以为然地嗤之以鼻，牛仔们则瞪大了从帽檐下面露出的眼睛。布雷特意识到，他们都认为自己应该为李尔的赌注买单。不过，鉴于她之前曾经从他身上赢走那么多钱，他可没有这样做的想法。

"那么，你是做什么买卖的，多克？"布雷特轻声问道，尽量想换个话题。

"我是一个医生。"多克说，这让布雷特感自己既愚蠢又尴尬，"我能用我的'奇迹非凡药'治好一切。"

当这个年轻的医生把手伸进他放在地毯上的包里，并拿出了两个塞着软木塞的瓶子时，每个人都伸直了他们的脖子。

"这儿有两种，"多克继续说，"粉红色的和黄色的。粉红色的能为你治疗身体内部的毛病，黄色的能为你治疗身体外部的毛病。"

"那些东西是由什么制成的？"布雷特问道。

"啊！"多克说，"这是一个只有我和我的爷爷知道的秘密配方，而他已经去世了。"

"听起来有点儿像在骗人！"布雷特大笑着说。他环顾四周，希望能得到一些支持。"你可别想引诱我买任何由那个配方制成的东西。提醒你一下，如果你有个能修复纸牌房子的秘方，现在倒是可以用一用。"

"我可修复不了纸牌房子，"多克承认，"但是我有一个神秘的公式能告诉我，这个女士建造纸牌房子要用多少张扑克牌。"

布雷特向下看了看地板，无数张从几个不同盒子中取出来的扑克牌散落了一地。

"不可能！"布雷特说，"神秘公式不可能做到这一点。"

"嘿！"多克说道，"你的意思是说我是个骗子吗？那么，我告诉你，我的所有公式都会起作用的。你想要打个赌吗？"

每个人都用期待的眼神看着布雷特。大家都听到了布雷特和这个年轻的外地人的争吵，而且他们希望看到正义得到伸张。

"继续吧，布雷特，"李尔说，"和他赌一把吧，谁让你多嘴的呢。如果他能利用他的公式告诉我们需要多少张牌，那么你就向他道歉，并买下他所有的'奇迹非凡药'。"

"也许，当你把它们搭起来的时候他就把所有的牌都数过了。"布雷特说。

"噢，不会的，胆小鬼。"李尔说，"再说，在他进来之前我就开始搭建了。他所看到的只有这13层牌的高度。"

"但是，每一层都需要不同数目的纸牌！"布雷特舒了一口气，"所以仅仅通过这些，他是不可能知道纸牌的总数的。"

"我的公式只需要知道这些就足够了。"多克说。

"是吗？"布雷特问道。

"那是当然。"多克说。

"是吗？"每个人都问道。

"当然。"多克说。

"汪？"年老的猎狗也问道。

"我肯定。"多克说，"不然，我们打个赌吧。我说，我的公式能在你们数出一共需要多少张纸牌之前，先计算出它的数量。"

布雷特咧嘴笑了。虽然他对公式了解得不是很多，但是他知道他能非常快地把牌数出来。

"那我们就打个赌吧，先生！"布雷特说。

整个酒吧欢呼起来，因为布雷特已经弯曲双膝蹲了下来，开始搜索纸牌，疯狂地数了起来。在他后面，多克随意地坐下并掏出了一小沓纸。

"谁有铅笔？"他问道。

"别客气，随便用。"李尔笑着，从她的包里拿出了一根细细的描眉笔并把它递了过去。

"我差不多快数完了！"布雷特咧嘴笑了笑，伸手去拿最后的 3 张牌。"257，258……259！"

"差不多，"多克说，检查他的那张纸，"答案是 260。"

"你是说我数错了吗？"布雷特说，"但是我把它们全数过了！"

"我也说你数错了，布雷特。"李尔说。

"你怎么知道的？"众人问道。

"我恰好用了 5 包扑克牌，每包 52 张牌，"李尔说，"一共 260 张，正如多克所说的。"

"但是，我怎么只数出了 259 张呢？"布雷特询问着，站了起来。

人群中发出了哄笑声。布雷特向下一看，发现他一直跪在红桃 4 上。

"噢，给我的靴子一枪吧！"布雷特把他的钱包递了过去并咒骂道，多克则兴高采烈地把他所有的彩色瓶子交给了布雷特。

"往好的方面想想，布雷特。"李尔笑道，"有了所有那些神奇的配方，你一生中都不会再有生病的那一天啦！"

那么，多克神秘的公式是什么呢？

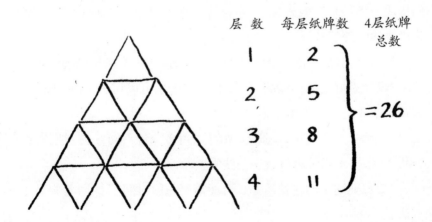

层　数	每层纸牌数	4层纸牌总数
1	2	
2	5	=26
3	8	
4	11	

如果你的纸牌房子是按普通方法搭建的，那么顶层就只有2张倾斜的纸牌。它的下一层需要一张平放的纸牌和4张倾斜的纸牌。第三层需要2张平放的纸牌和6张倾斜的纸牌，如此继续下去。

★纸牌房子需要的纸牌数 $=\dfrac{l\,(\,3l+1\,)}{2}$

$l=$ 层数

"多么巧妙的公式！"人群中发出一个声音。另一个头戴平顶帽，面带亲切微笑的年轻人走上前来，"我是约阿希姆教士。我知道很多关于多米诺骨牌的公式。"

"那就让我们打开一盒牌，看看这个人所说的是真是假。"李尔说。

酒保递过来一盒多米诺骨牌，很快，在铺着绿色粗呢桌布的桌子上，所有多米诺骨牌被放在了上面。教士将其中双数的牌移走，而把剩下的牌都面朝上放好。

"你可以拿走任意数量的多米诺骨牌，"教士说，"并且把它们尾对尾摆成一条线。"

"我拿了4张多米诺骨牌。"布雷特说。

"我拿了5张。"李尔说。

"接下来，我将告诉你们，一共有多少种不同的方法可以将它们排成一条线！"教士说，"布雷特，你可以用384种不同的方式来摆放你的牌。"

"384？"布雷特气喘吁吁地说，"只用4张多米诺骨牌？"

"没什么好大惊小怪的，"教士说，"李尔可以用3840种不同的方式来摆放她那5张多米诺骨牌。"

"哇哦！"多克说，"那么，我可以用多少种不同方法，把整盒、一共28张多米诺骨牌排成一条线呢？"

"要想把这个问题搞清楚，可能需要一段时间。"约阿希姆教士承认。

教士的公式实际上考虑了两件事情——每张多米诺骨牌的位置和每张多米诺骨牌的方向。

位置：当你把多米诺骨牌摆放到线上时，你可以把它们按任意顺序放置。这和排列（见第99页）是一样的。所以如果你有3张多米诺骨牌，你可以把它们用3！=3×2×1=6种不同的方式摆放。

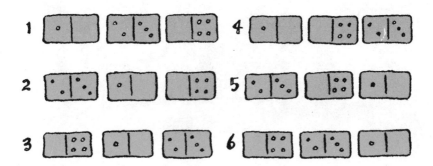

因此，如果你有 n 张多米诺骨牌，排列数就是 $n!$ 。

方向：一旦每张多米诺骨牌的位置确定，它可以有两种不同的方向——换句话说，它可以用两种相反的方法放置。如果你有1张多米诺骨牌，就会有 $2×1=2$ 种可以摆放的方式。如果你有2张多米诺骨牌，就会有 $2×2=4$ 种摆放的方式。

n 张多米诺骨牌的方向数 $=2^n$ 。

1张多米诺骨牌=
2种方式

2张多米诺骨牌=
4种方式

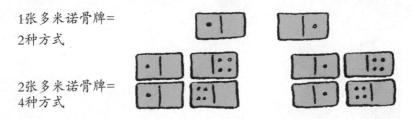

当你把位置和方向放在一起考虑时，你会发现，你能把 n 张多米诺骨牌排成一条线的不同方式的总数如下：

★教士的多米诺骨牌公式=$2n^2×n!$

双数牌会带来麻烦，因为它们只有一个方向。

不过，我们也可以调整公式允许双数牌出现。如果你可以从含有 d 张双数牌的不同的多米诺骨牌中选择，那么把它们排成一条线的方法数是 $2^{(n-d)} \times n!$。

一副从双白到双六的多米诺骨牌有 28 张，而且它们之中有 7 张是双数的。因此使用这个公式，你能把一整盒多米诺骨牌排成一条线的不同的方法数是……

$$2^{(n-d)} \times n! = 2^{(28-7)} \times 28! = 2^{21} \times 28! =$$
$$63939720167914494597845011660800000$$

单位分数

在《绝望的分数》那本书里面，我们曾经告诉你古埃及人喜欢使用分子是 1 的"单位分数"。以 $\frac{2}{7}$ 为例，他们会把它说成 $\frac{1}{4} + \frac{1}{28}$。桑尼（我们在斯洛文尼亚的作者）向我们展示了她所使用的将分数转化成单位分数的公式：

$$\bigstar \frac{a}{b} = \frac{1}{w+1} + \frac{a-r}{(w+1)b}$$

$\frac{b}{a}$ 是你想要转化的分数。为了得到 w 和 r，你需要用 b 除以 a。算出来的答案将会是一个整数（w）和一个余数（r）。如果你还记得第 91 页的那个公式，那么 $w=[\frac{b}{a}]$ 而且 $r=(b)\,\text{MOD}a$。

假如你想要转化 $\frac{3}{17}$。这里，$a=3$ 且 $b=17$。然后你要计算 $b \div a$，也就是 $17 \div 3$，得到商为 5 余数为 2。因此，$w=5$ 且 $r=2$。现在，你只需要把所有东西代入公式里面就能得到：

$$\frac{3}{17} = \frac{1}{5+1} + \frac{3-2}{(5+1)\times17} = \frac{1}{6} + \frac{1}{102}$$

这个公式让你得到两个分子为1的单位分数。如果第二个分数还不是一个单位分数，那你就要继续对它使用相同的方法。千万不能忘乎所以，否则你会发现自己计算出了像下面一样的东西：

$$\frac{17}{19} = \frac{1}{2} + \frac{1}{3} + \frac{1}{17} + \frac{1}{388} + \frac{1}{375972}$$

钟面量角器

假设你正在参加一个怪物狂欢派对，突然，音乐消失了，你不妨通过展示下面这个令人愉悦的小公式，来保持令人热情高涨的氛围：

★时钟的两个指针之间的角度=(5.5m – 30h)°

在这个公式中，m= 分钟数，h= 小时数。同时，请无视答案中的任何负号。

以 4:50 为例，两个指针之间的角度是（5.5×50 – 30×4）=（275 – 120）=155°。

摄氏度和华氏度

如今，几乎每个人都用摄氏度或摄氏温标（℃）来表示温度。然而，老一辈人其实更习惯使用华氏度（℉）。于是，就有了下面这个如何将两者进行换算的公式。

$$\bigstar \; ℃=(℉-32)\times\frac{5}{9} \; 和 \; ℉=\frac{9℃}{5}+32$$

水的沸点：100℃ =212℉

水的冰点：0℃ =32℉

正常的血液温度：37℃ =98.6℉

一个完美却没什么用的换算关系：－40℃ = －40℉

避免转换混乱

大多数转换公式中，其实只包括一次简单的不是相乘就是相除的运算，只是人们往往搞不清楚到底要乘还是除。这儿有一个最基本的转换公式，能把旧时的英寸转换成厘米：

★1 英寸=2.54厘米

数字"2.54"是转换因子，要把英寸转换成厘米你只要乘上它就行了。如果你的床长78英寸，要想用厘米度量长度，只需要这样运算：2.54×78=198.12厘米。

但是，假设你知道自己的身高为155厘米，要想知道换算成英寸是多少，你将用到转换因子。那么，你是该乘它还是除以它呢？这里面的技巧在于，你要想一想："答案是变大了还是变小了？"英寸要比厘米大，所以你的答案应该是变小了才对。因此，你的身高用英寸测量后，将是 155÷2.54 ≈ 61英寸。真不错！这意味着，那张78英寸的床足够你睡，而且你还有富余的空间放你的几何工具箱，并舒服地偎依在它旁边。（别忘了盖上盖子，里面有尖锐的东西。）

假如你不小心乘了转换因子，而不是除以它，那你的身高算出来将会是 155×2.54=393.7 英寸。晚安，估计你今晚得蜷成一团才能塞进那张床了。

这里有几个很常见的转换因子：

1 英里 =1.61 千米　　1 米/秒 =3.6 千米/小时 =2.24 英里/小时

1 品脱 =0.568 升　　1 磅（重量）=0.454 千克

当你遇到下面这些问题的时候，转换就显得尤其重要了……

外国货币

假设你打算花 100 英镑去国外度假，你得知道它能换到多少外国货币。现在，你需要知道两种货币之间的汇率，然后使用下面这个公式：

★ 你得到的外国货币数量=汇率 × 你的钱

假设这种外国货币与英镑的汇率是 2.6，那么你会得到 2.6×100 英镑 =260 外国货币[1]。（考虑到无论谁帮你交换货币都可能向你收费，所以你最终得到的钱数可能少于 260F。）

不可能的条件

如果你曾经不幸地前往啬蔷鬼群岛，还在岛上的恶魔商店购物了的话，外国货币将会给你带来一系列额外的问题。那个商店的老板只接受两种不同面值的 F 货币：3F、8F。

---

①本书中的这种外国货币，其单位为F——编者注。

哈哈！我不收其他任何货币，而且也不找零钱！

这意味着你没有办法支付 1F、2F、4F、5F、7F、10F 或 13F 去购买任何东西。有趣的是，你可以用麦克卡拉公式来进行核实，它会告诉你：用 3F 和 8F 进行各种组合，不可能从中获得的最高金额 H 以及你不能获得的金额的总数 C。

$$\bigstar H = xy - x - y \text{ 且 } C = \frac{(H+1)}{2}$$

在这里，x 和 y 是你能用的两种硬币的面值。

（注意：这两种硬币的面值必须是互质的，换句话说，就是它们两个不能同时被一个数整除。如果你的硬币是 9F 和 15F，那这个公式就不能用了，因为它们都能被 3 整除。）

因为我们的硬币面值是 3F 和 8F，我们可以得到 H＝3 ×8 － 3 － 8＝13。这意味着你不能用这两种面值的货币组成的最高金额是 13F，但是你可以用它们组成任何其他比这更高的金额。

我们已经看到，有 7 种金额你无法获得，可以用 $C = \frac{13+1}{2} = 7$ 进行核实。

如果你手上有两种价值不一的邮票，现在想知道通过它们的组合粘贴，你所能获得的其他价值。这时，上面的公式就派上了用场。假设邮票的面值分别为15便士和23便士，然后计算出$H=15 \times 23 - 15 - 23 = 307$便士。也就是说，凡是邮费高于3.07英镑的邮件，你都能用这两种邮票在上面贴出精确的邮费。

闪电距离

当你看到一道闪电，在雷声到达之前通常会有一个短暂的间歇。你可以通过数一数这次闪电和巨响之间的秒（s）数，推算出闪电离你有多远。在这里，你还要对周围的温度有一个大概的考虑，因为它会影响到声音的传播速度。这儿有两个能得到近似结果的公式：

★ **用米为单位计算与闪电的距离=s × 332**
（冷天0℃）

★ **用米为单位计算与闪电的距离=s × 344**
（热天20℃）

粗略地讲，如果间歇的时间是3秒钟，那么闪电大概离你1千米左右；如果间歇是5秒钟，闪电离你就有大约1.61千米远了。

但是如果根本没有延迟，那么……

画圆打叉游戏

尽管这个游戏通常是在 3×3 的网格上玩的，但是你可以在任何大小的网格上玩！那么，如果你是在一个大小 $g×g$ 的网格上玩，谢天谢地这个公式会告诉你……

（游戏规则：双方轮流在 9 个方格内画圆或者打叉，以先连成一线者为胜。）

★ 可能的胜利线的数量＝2×(g＋1)

有时你听到了一个笑话，它是如此有趣以至于每个听到的人都想要将它转告给所有他们认识的人。

很快地，地球上的每个人都知道了它，而且继续重复讲给其他人听。这是很危险的，因为最终全世界的每个人要么是试图讲这个笑话，要么就是面带厌倦地说："我已经听过了。"这就意味着，没人有时间去做别的事情了，而这就为外星人入侵地球敞开了大门。

因为好的笑话是如此危险，所以"经典数学"研究所非常谨慎地确保了这些书中没有一个笑话是特别有趣的。

很幸运，蹩脚的笑话是更安全的。如果你有一个相当烂的笑话，即使一开始有 100 个人听到了，他们只会告诉其他 70 个人。在这种情况下，被告诉这个笑话的人数是 0.7× 最先听到这个笑话的人数。

由于听到这个笑话的人们之中有 0.7× 听笑话的人数会传递下去，这个数就叫做这个笑话的扩散因子。（只要扩散因子小于 1，那么这个笑话就会最终消失。最烂的笑话拥有最小的扩散因子。）70 个新听到这个笑话的人，会把它传给 0.7×70=49 个新人，那些新人又会传给 0.7×49 个新新人……最终，这个笑话会逐渐消失。

如果 s 是笑话的扩散因子，并且最先听到的人数是 p，则：

★ 曾听过这个笑话的总人数 $= \dfrac{p}{1-s}$

如果有 100 个人听到一个扩散因子为 0.7 的笑话，那么在笑话消失之前，遭受这个笑话迫害的总人数会是 $\dfrac{100}{1-0.7}$ =333。

哦，不！地球保住了，都是这本书搞的鬼！

扩散因子

密 度

密度是指一件东西单位体积的质量，例如，实心铁块的密度要比聚苯乙烯的大，它可以用千克每立方米来衡量，写作千克/立方米。

$$★ 密度=\frac{质量}{体积}$$

如果你有一个奇怪的紫色塑料立方体，重达 30 千克，测量后发现每条边长 0.25 米，那么，它的密度 = $\frac{30}{0.25^3}$ =1920 千克/立方米。我们可以利用这个结果看看，这个立方体是否会浮在水面上。水的密度是 1000 千克/立方米，如果某个物体的密度比这个还小，那它就会浮起来。然而，我们的塑料立方体有一个比水大的密度，所以它会下沉。

射 程

回到第 55 页，我们给俄甘姆留下了一个问题：如何发射他的加农炮，并保证炮弹不会落在他的脚上。最终，他意识到需要把炮筒倾斜一点儿。现在，他站在一片平坦的土地上，有一个公式可以计算出射程 r，换句话说就是炮弹着陆的距离有多远。你需要知道大炮的炮口速度 v，以及炮筒和地面之间的仰角 E。

$$★ r=\frac{2v^2\sin E\cos E}{g}$$

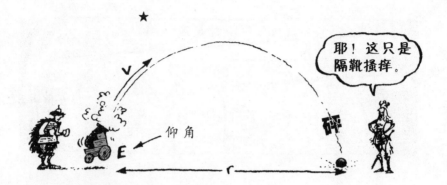

如果俄甘姆了解 sin 和 cos 是怎么回事儿，那他就能计算出任何角度的射程，可是他只对最大可能的射程感兴趣。他真该好好看看说明书的。

如果没风，那 45° 就一直是大炮射出最远射程的最佳角度。好消息是，sin45° 和 cos45° 都是等于 $\frac{1}{\sqrt{2}}$，这使得计算大炮最大射程的公式简单又可爱：

★大炮设置成45°时的最大射程 $=\dfrac{v^2}{g}$

所以如果有一种大炮的炮口速度是 70 米/秒，则最大射程会是 $\frac{70^2}{10}$ =490 米。

斐波那契序列

斐波那契序列开始于 1，1，2，3，5，8，13……而且每个数字都是前两个数字之和。但是如果你想要知道序列中第 53 个数字，你会怎么做呢？你会把它前面的所有数字都计算一遍吗？不用啦，因为有一个特殊的公式能计算出序列中的任意数字：

★ **斐波那契序列的第n项 =**

$$\frac{1}{\sqrt{5}}\left[\left(\frac{1+\sqrt{5}}{2}\right)^n - \left(\frac{1-\sqrt{5}}{2}\right)^n\right]$$

关于这个公式，还有一件不可思议的事情——即使它的里面塞满了 $\sqrt{5}$，可不知怎么的，最后总能给你一个确切的整数答案！而且，如果你想更快速地得到答案，只需计算出：

★ **快速斐波那契序列的第n项公式 =**

$$(1.618)^n \div \sqrt{5}$$

……然后四舍五入到最接近的整数。

最后的公式

即使这本书的大小和一台洗衣机差不多，也没有足够的空间塞进每一个正确的公式，所以我们必须决定用哪一个公式作为结束。

最终，我们选择了所有时代最伟大的数学精华之一，因为这个叫做二次方程式的东西可以解决令人厌恶的事情。

$$\bigstar x = \frac{-b \pm \sqrt{b^2 - 4ac}}{2a}$$

其中 $ax^2 + bx + c = 0$。

正如你可能想象到的那样，它是相当专业的。如果你对它感兴趣，可以在《代数任我行》中找到所有关于它的东西。有一件很奇怪的事，所有老年人都对它怀有一份很特别的感情，因为他们从学校里记住了它而且现在还能背诵出来。

好的，一、二、三，开始。

"x 等于负 b 加上或减去 b 的平方减 $4ac$ 的平方根再除以两个 a。"

感动了，是不是？特别是当你意识到，起初他们大多数人根本就不知道上面这句话说的是什么。难过的是我们没有多余的地方对它进行解释了，因为书的最后几页是为一个重要的结束篇预留的。

准备好了吗？那么它来了……

重要的结束篇

"经典科学" 系列（20册）

肚子里的恶心事儿
丑陋的虫子
显微镜下的怪物
动物惊奇
植物的咒语
臭屁的大脑
神奇的肢体碎片
身体使用手册
杀人疾病全记录
进化之谜
时间揭秘
触电惊魂
力的惊险故事
声音的魔力
神秘莫测的光
能量怪物
化学也疯狂
受苦受难的科学家
改变世界的科学实验
魔鬼头脑训练营

"经典数学" 系列（12册）

要命的数学
特别要命的数学
绝望的分数
你真的会＋－×÷吗
数字——破解万物的钥匙
逃不出的怪圈——圆和其他图形
寻找你的幸运星——概率的秘密
测来测去——长度、面积和体积
数学头脑训练营
代数任我行
超级公式
玩转几何

"自然探秘" 系列（10册）

惊险南北极
地震了！快跑！
发威的火山
愤怒的河流
绝顶探险
杀人风暴
死亡沙漠
无情的海洋
雨林深处
勇敢者大冒险

"科学新知" 系列（17册）

破案术大全
墓室里的秘密
密码全攻略
外星人的疯狂旅行
魔术全揭秘
超级建筑
超能电脑
电影特技魔法秀
街上流行机器人
美妙的电影
我为音乐狂
巧克力秘闻
神奇的互联网
太空旅行记
消逝的恐龙
艺术家的魔法秀
不为人知的奥运故事

"体验课堂" 系列（4册）

体验丛林
体验沙漠
体验鲨鱼
体验宇宙

独家秘闻！www.beishaoshe.com.cn 上还有许多关于"可怕的科学"的内容！

哈，还有更酷的，要是你的英语足够棒，去 http://www.murderousmaths.co.uk 看看！